KB008329

과학이 좋아지는 과학책

일러두기

* 본문에 언급된 참고도서를 포함하여 이 책에 소개된 과학책의 제목은 되도록 국내 출간 도서를 기준으로 하였으나, 맥락에 따라 필요한 경우 일본판의 제목을 그대로 사용하였습니다.

* 국내에 출간된 도서의 경우 서지 정보를 추가였고, 미출간된 도서는 미출간으로 표기하였습니다.

* 본문의 각주는 모두 옮긴이 주입니다.

과학이 좋아지는 과학책

니시무라 요시카즈 지음 | 이승원 옮김

다윈부터 호킹까지, 알아두면 힘이 되는 과학 필독서

BOOKERS

—

들어가며

과학의 시대를 살아가야 하는 이들이 평생 한 번은 꼭 읽어야 할 과학책

해마다 10월 초가 되면 '과학'을 다루는 뉴스가 많아집니다. 그 유명한 '노벨상'이 발표되기 때문이지요. 특히 화젯거리가 있을 때는 한동안 관련 뉴스가 쏟아집니다.

그래서 이 시기가 되면 학원 수업 시간에 학생들에게 노벨상에 얽힌 이야기를 들려주거나 SNS에서 관련 뉴스에 대해 언급하기도 합니다. 과학 덕후인 저에게 뉴스에서 과학을 주제로 자세한 해설을 곁들이는 이 시기는 자극적이면서도 행복한 시간입니다. 하지만 오래 지나지 않아 또다시 침묵의 시간이 찾아옵니다. 그때마다 '평소에도 과학과 관련한 토픽을 다루는 뉴스 프로그램이 있어도 좋을 텐데……' 하는 아쉬운 마음이 듭니다.

수업 시간에 노벨상을 받은 연구 내용을 알기 쉽게 설명해주면 학생들이 좋아합니다. 특히 '이과라면 질색'하는 문과생일수록 연구 내용에 담긴 경이로움과 흥미로움에 눈을 뜨고 상상 이상으로 과학에 빠져드는 것을 보곤 합니다.

목표는 더 많은 사람들이 과학을 좋아하도록 하는 것입니다. 그러기 위해서 과학을 둘러싼 매력적인 이야기를 전달할 수 있는 기회를 많이 만들어야겠다고 늘 생각해왔습니다. 이 책은 바로 그 꿈을 향해 나아가는 첫걸음이라 할 수 있습니다.

과학이 발전하려면 논문이 필요합니다. 하지만 일반인이 논문을 읽기란 쉽지 않습니다. 전문가를 대상으로 쓰였기 때문이지요. 그런데 사실은 최고의 과학자일수록 일반인이 읽을 수 있는 글을 남깁니다. 그리고 그 가운데 일부는 명저로서 오늘날까지 꾸준히 읽히고 있습니다.

과거에 간행된 과학책 중에는 현대에 와서 틀렸다고 밝혀진 이론도 적지 않습니다. 그러나 집필 당시에는 분명히 가장 앞선 이론이었습니다. 그 속에 담긴 발명과 이를 발견한 과학자들의 열정, 그리고 그 배경에 감춰진 드라마에는 현대인들이 공감할 수 있는 부분이 틀림없이 있을 것입니다.

비록 제 독단과 편견에 따른 것이지만, 나름의 기준으로 '한 번은 꼭 읽어야 하는 과학책'을 선정하고 내용의 핵심 포인트를 알기 쉽게 정리했습니다. 단순한 내용 소개에 그치지 않고 제 관점에서 '흥미롭다' 또는 '이해하기 어려웠다' 등의 감상을 솔직하게 남겼습니다. 이 책을 통해 과학에 대한 독자 여러분의 관심이 깊어지고, 동시에 '과학적 사고력'이 높아지는 기회가 되기를 바랍니다.

과학은 앞으로의 시대를 살아가기 위해 알아두어야 할 '교양'입니다.

마지막으로 이 책을 쓸 기회를 주신 카도가와 출판사의 야치 히로카즈에게 감사드립니다. 그리고 저의 서툰 문장에 다정한 말과 용기를 주신 다카와 게이유, 원고가 좀처럼 써지지 않을 때 끈기 있게 격려해주신 이로카와 겐야에게도 감사합니다. 아울러 책 만들기에 참여해주신 훌륭한 스태프 여러분 덕분에 책을 완성할 수 있었습니다. 정말 고맙습니다.

그리고 10년도 더 전부터 제 책을 평가해주고 계신 오카야마 현립고등학교 나카오 히로시 선생님께 초고의 검토를 부탁드리고 힘찬 격려와 훌륭한 조언을 받을 수 있어서 감사드립니다. 항상 지지해주는 가족들도 고마워요. 코로나19로 인해 오랜 시간 멈춰 있던 일상을 속히 회복하고 모든 사람의 얼굴에 미소가 돌아오기를 바랍니다.

니시무라 요시카즈

CONTENTS

들어가며 과학의 시대를 살아가야 하는 이들이 평생 한 번은 꼭 읽어야 할 과학책 ______ 4

CHAPTER 1

과학이 좋아지는 과학책

❶ **『탄소 문명론』** 사토 겐타로 ______ 14

전분, 설탕, 카페인, 석유 등과 같이 주변에서 흔히 볼 수 있는 물질을 예로 들며 '탄소사관'이라는 참신한 관점으로 인류의 역사를 그려낸다. '화학 기피자'에게 딱 알맞은 책이다.

❷ **『촛불의 과학』** 마이클 패러데이 ______ 18

눈부신 업적을 남긴 패러데이가 아이들을 대상으로 설명하고 실험을 진행하는 명강의. 촛불 한 자루를 통해 심오한 과학의 세계를 들여다볼 수 있다.

❸ **『이중나선』** 제임스 D. 왓슨 ______ 22

DNA의 이중나선 구조를 발견한 왓슨이 생명과학의 기초를 쌓은 대발견의 뒷모습을 적나라하게 그린 작품이다. 연구의 즐거움과 괴로움을 엿볼 수 있다.

❹ **『눈』** 나카야 우키치로 ______ 26

자연설 연구로 시작하여 세계 최초의 인공 눈 제작에 성공한 과정을 담은 책이다. 과학연구란 무엇인지를 알 수 있다.

❺ **『시간의 역사』** 스티븐 W. 호킹 ______ 30

'우주란 무엇인가?'라는 인류의 근원적인 물음에 도전한 이 책은 전 세계에서 천만 부 이상 팔린 베스트셀러가 되었다. 우주를 이해하기 위한 필독서.

❻ **『생물과 무생물 사이』** 후쿠오카 신이치 ______ 35

과학자의 사유와 일상을 소개하면서 '생명이란 무엇인가'라는 생명과학 최대의 명제에 분자생물학의 관점에서 알기 쉽게 답한 초베스트셀러.

❼ **『나비는 왜 나는 걸까?』** 히다카 도시타카 ______ 39

나비는 왜 같은 길을 날아다닐까? 소년 시절 품었던 의문을 파고든 저자가 자기 경험을 아이들에게 들려주는 책이다.

❽ **『페르마의 마지막 정리』** 사이먼 싱 ______ 44

수학계 최대의 난제 '페르마의 마지막 정리'. 3세기 동안 고군분투한 수학자들의 좌절과 영광, 증명에 이르는 과정을 그린 감동의 인간 드라마.

❾ **『이기적 유전자』** 리처드 도킨스 ______ 49

인간은 어째서 살고 사랑하고 싸우는가? 생물의 진화를 유전자의 관점에서 철학적으로 고찰하여 사람들의 생물관을 근본부터 뒤흔든 명작.

❿ **『나비의 생활』** 프리드리히 슈나크 ______ 54

나비와 나방의 아름다움, 생태, 그들에 얽힌 신화를 시적인 문체로 그린 박물지. 인생에 즐거움을 안겨준 나비와 나방을 향한 저자의 사랑으로 가득한 책이다.

CHAPTER 2

과학적 사고력을 길러주는 과학책

⑪ 『코끼리의 시간, 쥐의 시간』 모토카와 다쓰오 — 60

몇 년밖에 살지 못하는 쥐와 수명이 70년인 코끼리는 애초부터 시간을 다르게 느낄까? 동물의 크기를 통해 그 의문점에 다가가는 독특한 책.

⑫ 『케플러의 꿈』 요하네스 케플러 — 64

천동설이 주류이던 시대에 지동설에 기초하여 쓰인 '달 여행기'다. 지식의 세계에 상상력으로 도전한 이 공상과학소설은 후대의 과학에 큰 영향을 끼쳤다.

⑬ 『솔로몬의 반지』 콘라트 로렌츠 — 70

새와 물고기 등에 대한 관찰력과 깊은 통찰력을 바탕으로 들려주는 동물들의 유쾌한 에피소드. 동물 행동학을 개척한 명저이다.

⑭ 『침묵의 봄』 레이첼 카슨 — 74

다양한 환경 문제를 안고 사는 현대인은 어떻게 사회를 바꿔 나가야 할까? 자연보호와 화학 물질로 인한 공해에 반향을 불러일으킨 세계적 베스트셀러.

⑮ 『메뚜기를 잡으러 아프리카로』 마에노 울드 고타로 — 78

메뚜기 재해를 박멸하기 위해서 말도 안 통하는 아프리카로 떠난 '메뚜기 박사'의 과학모험 실화다. 연구자의 열정과 광기를 체감할 수 있다.

⑯ 『곤충기』 장 앙리 파브르 — 83

곤충의 습성과 그 연구에 대해 기록한 곤충 자연과학의 고전이다. 문학적인 말투와 의인화된 표현이 좋은 평가를 받아 세계 여러 나라에서 베스트셀러가 되었다.

⑰ 『0의 발견』 요시다 요이치 — 88

인류 문화사에 거대한 발자취를 남긴 인도의 '0'의 발견. 수학과 계산법의 발달 흔적을 더듬어 가며 매력적인 수의 세계로 인도한다.

⑱ 『누가 원자를 보았는가』 에자와 히로시 — 92

원자의 존재 여부를 둘러싼 오랜 논쟁의 역사에 대해서 각 시대의 과학자가 탐구한 내용을 저자가 직접 실험하여 재현한다. '물리적으로 사고한다'라는 말의 의미를 알 수 있는 책이다.

⑲ 『이상한 나라의 톰킨스 씨』 조지 가모브 — 95

간행 이후 세계 여러 나라에서 널리 사랑받아 온 책. 평범한 은행원이 펼치는 모험을 통해서 '상대성이론' 등 난해한 과학 지식을 알기 쉽게 해설한다.

⑳ 『수학 귀신』 H. M. 엔첸스베르거 — 99

수학을 싫어하는 소년 로베르트 앞에 나타난 수학 귀신이 꿈속에서 수학의 매력을 가르쳐준다. 수학 알레르기가 있는 사람에게 추천하는 열두 밤 이야기.

현대 과학의 이해를 돕는 과학 고전

㉑ 『자연발생설 비판』 루이 파스퇴르 ——— 104

근대까지 신봉되었던 '자연발생설'을 근본부터 뒤집은 논문이다. 그 독창적인 실험과 연구는 근대 미생물학의 기초를 확립하고 의학 발전에 이바지했다.

㉒ 『천체의 회전에 관하여』 니콜라우스 코페르니쿠스 ——— 108

'천동설'이 당연하던 시대에 '지동설'을 외쳐 세상의 상식을 바꾼 역사적인 책이다. 하지만 이 책은 코페르니쿠스의 죽음 직전에서야 출판되었다.

㉓ 『별 세계의 보고』 갈릴레오 갈릴레이 ——— 112

갈릴레이가 망원경으로 본 우주는? 인류의 첫 천체 관측을 생생하게 기록한 이 책은 머지않아 전통적인 우주관을 깨부수게 된다.

㉔ 『생물이 본 세계』 야콥 폰 윅스퀼 ——— 117

생물들이 독자적인 지각과 행동으로 만들어내는 '환경 세계'란 무엇인가? 인간 이외의 다른 생물이 느끼는 감각을 해설한 이 책은 '동물행동학'의 선구가 되었다.

㉕ 『종의 기원』 찰스 다윈 ——— 121

진화의 원리로서 '자연도태설'을 제창한 이 책의 등장은 인류의 인식체계에 대전환을 불러왔다. '생명이란 무엇인가'를 생각하게 하는 책이다.

㉖ 『프린키피아』 아이작 뉴턴 ——— 130

'만유인력의 법칙'을 발견한 인물로 알려진 뉴턴은 이 책으로 고전 역학의 기초를 쌓았다. '근대 과학에서 가장 중요한 저작 가운데 하나'라고 평가받는다.

㉗ 『상대성이론』 알베르트 아인슈타인 ——— 134

시공간의 개념을 바꾼 아인슈타인의 '상대성이론'. 내용이 난해한 것은 부정할 수 없지만, 천재 과학자의 사고 과정을 따라가 볼 수 있는 값진 책이다.

㉘ 『자연학』 아리스토텔레스 ——— 140

'만학의 아버지'라고 불리는 걸출한 철학자 아리스토텔레스는 현대의 천문학, 생물학, 기상학 등에 해당하는 자연학 영역에서도 업적을 남겼다.

㉙ 『과학과 가설』 앙리 푸앵카레 ——— 144

수학, 물리, 심리, 논리 등 광범위한 과학 분야에 정통한 저자의 근본 사상을 보여주는 책이다. '과학이란 무엇인가'라는 엄청난 문제를 명확히 밝혀주는 고전이다.

㉚ 『레오나르도 다빈치의 수기』 레오나르도 다빈치 ——— 148

저명한 화가이자 조각가, 건축가이면서 천문학, 물리학에도 조예가 깊었던 천재가 남긴 방대한 노트. 천재의 단면을 들여다볼 수 있는 책이다.

과학으로 세계를 탐구하는 과학책

31 『생명이란 무엇인가』 에르빈 슈뢰딩거 — 156

물리학자가 생명의 본질을 탐구하기 위해 쓴 책으로 분자생물학의 효시가 되었다. 이후 많은 과학자에게 막대한 영향을 끼친 고전이다.

32 『컴퓨터와 뇌』 존 폰 노이만 — 159

컴퓨터와 스마트폰 개발에 기여한 저자가 수학자의 관점에서 뇌의 구조를 고찰했다. 현대 컴퓨터의 기본 원리를 이해하기에 아주 좋은 책이다.

33 『식물의 잡종에 관한 실험』 그레고어 멘델 — 163

고등학교 생물 교과서에도 등장하는 완두콩 교배실험에서 도출해낸 '유전의 법칙'. 당시 저자의 논문은 관심을 얻지 못했으나 사후에 주목받게 된다.

34 『우주는 무엇으로 이루어졌는가』 무라야마 히토시 — 168

물질을 이루는 가장 작은 단위인 소립자. 그 기본을 알기 쉽게 설명하면서 '우주는 어떻게 시작되었고 앞으로 어떻게 될 것인가'라는 인류의 영원한 궁금증을 밝힌다.

35 『성운의 왕국』 에드윈 허블 — 173

현대 우주론의 기초를 확립한 천문학자가 거대 망원경으로 관찰하고 연구한 내용을 토대로 은하와 우주의 미스터리에 다가간다. 현대 우주관의 기준이라고도 할 수 있는 저작이다.

36 『우주의 구조』 브라이언 그린 — 177

뉴턴 이후 물리학 최대의 수수께끼가 된 '시간과 공간'의 역사와 현재를 그려냈다. 초끈이론으로 유명해진 저자가 설명하는 최신 우주론이다.

37 『대륙과 해양의 기원』 알프레트 베게너 — 181

현대 지구과학의 기초 이론으로서 중요한 위치를 차지하는 '대륙 이동설'은 어떻게 시작되었을까? 연구자의 위대한 아이디어와 공적을 간접 체험해 볼 수 있는 책이다.

38 『물질과 빛』 루이 드브로이 — 186

'물질파'를 제창하여 노벨물리학상을 받은 저자가 물리학에 대해 논한 강연록이다. 수식이 거의 나오지 않으므로 물리라면 질색하는 사람에게도 추천한다.

CHAPTER 5

과학의 역사를 보여주는 과학책

39 『역학의 발달』 에른스트 마흐 ____ 192

이 책은 의심할 여지가 없다고 여기던 뉴턴 역학을 비판하는 한편 아인슈타인의 상대성이론에 영향을 주었다. 물리학의 역사를 이해할 수 있는 책이다.

40 『양자역학의 탄생』 닐스 보어 ____ 196

20세기 물리학의 최대 성과 가운데 하나인 '양자역학'. 그 중심적 역할을 한 닐스 보어가 양자물리학의 역사를 직접 회고한다.

41 『유클리드 원론』 에우클레이데스 ____ 201

20세기 초까지 수학 교과서의 하나로 쓰였던 기하학의 고전이다. 우리가 학교에서 배우는 산수나 수학이 오래전부터 입증된 내용이라는 사실에 놀라게 된다.

42 『화학의 역사』 아이작 아시모프 ____ 205

각종 에피소드에 수많은 화학자가 등장하지만, 화학식이나 몰 단위 같은 이야기는 거의 보이지 않는다. SF 작가이기도 한 저자가 화학 초보를 위해 쓴 화학의 역사이다.

43 『플리니우스 박물지』 플리니우스 ____ 208

고대 로마 시대에 자연계의 모든 지식에 관해서 기록한 이 책은 중세 시대 유럽에서도 지식인들에게 사랑받으며 인용된 역사적 대작이다.

44 『자력과 중력의 발견』 야마모토 요시타카 ____ 212

17세기 '과학 혁명' 이전에는 무슨 일이 벌어지고 있었을까? 과학사 전문가인 저자가 고대 그리스부터 뉴턴에 이르는 과학 역사 천 년여의 공백기를 밝힌다.

45 『물리학이란 무엇인가』 도모나가 신이치로 ____ 216

현대 문명을 구축한 물리학이라는 학문은 언제, 누가, 어떻게 생각해낸 것일까? 노벨상 수상자인 저자가 물리학의 역사를 자세히 해설한다.

CHAPTER 1

과학이 좋아지는 과학책

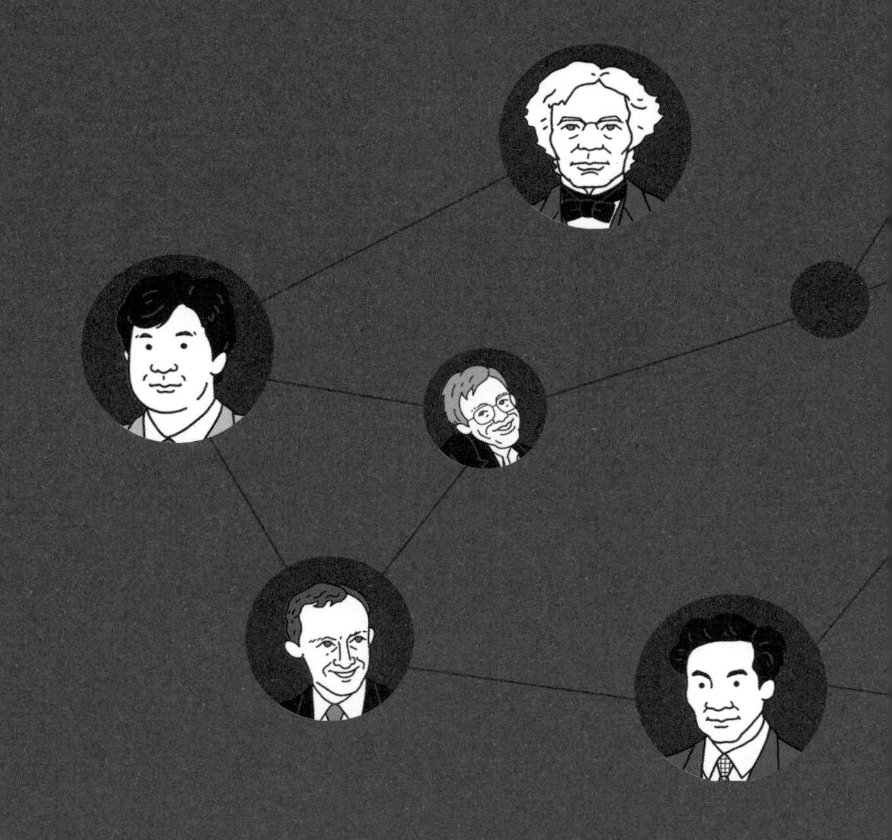

과학도 즐거울 수 있을까

『탄소 문명론』 / 사토 겐타로

『촛불의 과학』 / 마이클 패러데이

『이중나선』 / 제임스 D. 왓슨

『눈』 / 나카야 우키치로

『시간의 역사』 / 스티븐 W. 호킹

『생물과 무생물 사이』 / 후쿠오카 신이치

『나비는 왜 나는 걸까?』 / 히다카 도시타카

『페르마의 마지막 정리』 / 사이먼 싱

『이기적 유전자』 / 리처드 도킨스

『나비의 생활』 / 프리드리히 슈나크

1 『탄소 문명론』 2013

사토 겐타로

분량 ●●○ 난이도 ●○○

『탄소 문명론』, 신초신서.
『탄소 문명』, 권은희 옮김, 까치.

전분, 설탕, 카페인, 석유 등과 같은 주변의 흔한 물질을 예로 들며 '탄소사관'이라는 참신한 관점으로 인류의 역사를 그려낸다. '화학 기피자'에게 딱 알맞은 책이다.

1970년 일본에서 출생. 도쿄공업대학교 대학원 이공학 연구과 석사과정을 수료했다. 제약회사 연구원 등을 거쳐 현재는 과학 전문 작가로 활동 중이다. 2010년 『의약품 크라이시스』로 과학저널리스트상을, 2011년에 화학커뮤니케이션상을 받았다.

역사적 영웅에게는 통풍이 많다?

이 책의 제목을 본 대다수의 독자는 '탄소 한 가지 주제로 책이 될까?'라고 의아해할지 모른다. 확실히 탄소 단독으로 이루어진 물질은 다이아몬드나 흑연 정도로, 많지는 않다. 그러나 탄소는 유기화합물의 중심 물질이기 때문에 다양한 물질 속에 존재한다.

저자 사토 겐타로는 화학 관련 서적을 다수 출판한 과학 전문 작가다. 또한 『유기화학미술관에 오신 것을 환영합니다』라는 책을 쓴 만큼 유기화학에도 조예가 깊다. 『세계사를 바꾼 12가지 신소재』,

『세계사를 바꾼 10가지 약』 등 저자의 책에는 화학물질에 관한 역사를 해설하는 내용이 많아서 개인적으로 좋아하는 작가이기도 하다.

『탄소 문명론』 역시 그러한 책 중 하나다. 전분, 설탕, 에탄올 등 주변에 흔히 존재하는 탄소를 포함한 물질의 역사와 효과에 대해서 화학을 어려워하는 사람이라도 이해하기 쉽게 설명하고 있다. 화학식도 많이 나오지 않는다.

가장 흥미로웠던 것은 '요산'(尿酸)이다. 물에 잘 녹지 않는 요산이 결정을 이루면 극심한 통증으로 알려진 요로결석의 원인이 되기도 하고 중년 남성을 공포로 몰아넣는 통풍의 원인물질이 되기도 한다. 통풍은 퓨린체(purine 體)라는 성분이 체내에서 요산으로 바뀌어 발생한다. 퓨린체는 동물성 단백질과 술 같은 맛있는 음식에 많이 들어있다.

역사적인 영웅 중에는 통풍을 앓은 인물이 적지 않다. 알렉산더 대왕이나 쿠빌라이 칸, 영국의 크롬웰이 그러했다. 또한 레오나르도 다빈치와 미켈란젤로, 뉴턴과 다윈 등도 마찬가지다.

이러한 까닭에 생활수준이 높고 맛있는 음식을 자주 먹는 사람에게 통풍 증상이 나타나는 경우가 많다고 여겼으나, 현대 의학에서는 유전적 요인과 더불어 조급하고 시간에 엄격하며 공격적이고 화를 잘 내는 성격적 요인도 영향을 미친다는 점이 밝혀졌다.

지금은 통풍을 앓는 일본인도 많지만, 역사적으로 일본에는 통풍 환자가 거의 없었다. 고기를 별로 먹지 않던 일본인의 식생활에서 그 이유를 찾을 수 있으며 지금도 서구에 비해 발생률이 낮다.

탄소를 포함한 친숙한 물질

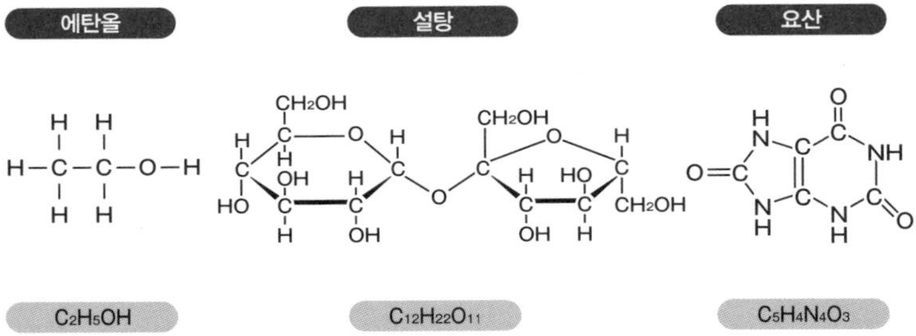

에탄올	설탕	요산
C_2H_5OH	$C_{12}H_{22}O_{11}$	$C_5H_4N_4O_3$

➡ 탄소를 포함한 화합물을 유기화합물이라고 한다

화학의 매력을 알리고 싶어서 쓴 책

저자는 후기에서 '화학에 대한 낮은 관심을 개선하고 싶은 마음에' 이 책을 쓰게 되었다고 썼다. 그리고 물리학이나 생물학, 수학에는 화제가 된 책이 몇 권씩이나 있는데 화학은 전무한 형편이라고 탄식했다.

화학의 낮은 인기는 전 세계의 공통적인 현상 같다. 화학과 출신인 나조차도 화학을 좋아하게 만들기가 좀처럼 쉽지 않다는 사실을 피부로 느낀다. '수헬리베붕탄질산……' 누구나 알고 있는 이 주기율표가 원인일까? 아니면 화학 계산을 어렵게 만드는 몰(mol)의 개념이 문제일까……?

학원에서 수업하다 보면 화학의 역사와 연관 지어 설명할 때 학생들의 반응이 좋았다. 이러한 경험에 힘입어 나 역시 화학사를 널리 알려야겠다는 마음으로 이 책을 집필하게 되었다. 화학을 좋아하는 사람이 많아지기를 바라며 앞으로도 재미있는 이야깃거리를 풀어나가고 싶다.

POINT

1. 주위에 존재하는 화학물질에도 역사가 있다.
2. 화학물질이 세계사를 움직였다.
3. 저자의 엄청난 '화학사랑'이 느껴진다.

② 『촛불의 과학』 *The Chemical History of a Candle* 1861

마이클 패러데이 분량 ●●○ 난이도 ●●○

『촛불의 과학』, 미쓰이시 이와오 옮김, 카도가와문고.
『촛불의 과학』, 문병렬 · 신병식 옮김, 범우사.

눈부신 업적을 남긴 패러데이가 아이들을 대상으로 설명하고 실험을 진행하는 명강의. 촛불 한 자루를 통해 심오한 과학의 세계를 들여다볼 수 있다.

영국의 화학자이자 물리학자. 1791년 런던에서 대장장이의 아들로 태어났다. 염소의 액화, 철의 합금, 벤젠의 발견 외에 전자기 유도, 전기분해에 관한 패러데이 법칙, 패러데이 효과를 발견하는 등 수많은 업적을 남겼다.

노벨화학상 수상자도 '완독하지 못한' 책

영국의 화학자이자 물리학자인 패러데이(Michael Faraday, 1791~1867)는 '전자기 유도 법칙'과 '전기분해 법칙'을 발견하고 '벤젠'을 발견하는 등 다방면에 걸쳐 업적을 남겨, 만약 당시에 노벨상이 있었다면 최소 여섯 번은 수상했을 것이라는 평을 받는다.

가난한 집에 태어나서 초등교육 정도밖에 받지 못했지만, 제본소에서 도제로 생활하던 시기에 과학에 흥미를 갖게 되었다. 20세 때 런던에서 훗날 스승이 되는 영국의 화학자 험프리 데이비의 강연을 열성껏 듣고 강연록에 그림을 붙여 제본한 뒤에 데이비에게 보냈다. 이

것이 데이비의 인정을 받아 과학자의 길로 나아가는 계기가 되었다.

『촛불의 과학』은 양초를 사용해서 그 구조와 연소 원리, 연소반응으로 일어나는 일, 그리고 양초를 구성하는 원소에 관한 것까지 다양한 과학 현상을 해설한다.

어린이를 대상으로 하는 강연을 바탕으로 쓰였기 때문에 글 자체는 읽기 쉽다. 또한 실험도 많이 하고 유머러스하게 설명해준다. 역시 화학을 이해하려면 실험이 매우 중요하다는 사실을 다시 한 번 통감한다.

하지만 이 책을 읽고 제대로 이해할 수 있는 사람은 화학 실험을 실제로 해 왔던 사람일 것이다. 노벨화학상을 수상한 일본의 화학자 시라카와 히데키조차 "학생 시절에 몇 번이나 완독에 도전했지만 실패했다"고 말했다.[1] 현시대에는 촛불을 사용할 기회가 적다는 점, 현장 실험이 포함된 강연록이라는 점 때문에 글만 읽어서는 이해하기 어려웠다고 한다.

솔직히 나도 읽으면서 조금 고생했다. 다만 사진과 그림으로 이 책의 실험을 재현한 『'촛불의 과학'이 가르쳐주는 것』과 함께 읽으니 실험이 쉽게 상상되어서 이해가 더 잘 되었다. 이 책과 함께 읽기를 추천한다.

촛불 실험을 통해 살펴보는 '이산화탄소란 무엇일까?'

이 책에서 인상적인 부분은 여섯 번째 강연이다.

1 『'촛불의 과학'이 가르쳐주는 것』에서 발췌. 국내에는 『촛불의 과학』(북스힐, 2021)으로 출간되었다.

여기에는 “강연에 참석하신 한 부인께서 황송하게도 저에게 초 두 자루를 주셨습니다. 이것은 일본에서 들여온 것입니다”라는 대목이 나온다. 메이지유신 전에 벌써 일본의 양초가 영국으로 건너갔다는 사실이 놀라울 따름이다. 게다가 그 초는 프랑스제보다 고급스럽게 장식되었다고 한다.

그러고 나서 이 두 자루의 양초에 불을 붙이고 ‘이산화탄소란 무엇일까’에 대해 설명하기 시작한다. 뒤이어 빨갛게 달군 숯을 산소 속에서 연소시켜서 이산화탄소가 나온다는 사실을 알려준다. 다양한 실험 뒤에 마지막으로 직접 공기를 들이마시고 내뱉는 호흡으로 초를 끄는 실험을 한다. 이렇게 함으로써 호흡으로 인해 공기가 얼마나 더러워지는지를 보여준다.

그러나 인간에게 유해한 이산화탄소도 지구상에 생육하는 초목이나 작물에는 생명 그 자체다. 이산화탄소로부터 다시 산소를 얻을 수 있다는 것을 보여주고 살아있는 모든 생명은 서로 의지하면서 살아간다고 설명한다(광합성은 1862년 독일의 식물학자 율리우스 폰 작스가 발견했으며, 당시는 광합성에 대한 해명이 이루어지고 있던 시기였다).

마지막으로 패러데이는 “여러분 모두가 촛불처럼 주위 사람들에게 빛이 되어 주시기를 바란다”라는 말로 마무리한다.

패러데이가 청소년을 위해 열었던 크리스마스 강연. 연속하여 여섯 번의 강연을 준비하는 일은 매우 힘들다. 그런데도 이어 나간 까닭은 ‘인간이 논리적 사고를 몸에 익히려면 과학 교육이 필요하다’라는 패러데이의 신념이 바탕에 깔려있기 때문일 것이다. 어린 시절로 돌아간 듯 즐기면서 강연하는 패러데이의 모습에서 '청소년을 위해 과학의 재미를 알려주고 싶어 한' 마음이 뜨겁게 전해져 온다.

POINT

1. 1860년대 말에 열렸던 청소년을 위한 강연을 기록한 것이다.
2. 원제는 『양초의 화학사(에 대한 여섯 번의 강좌)』이다.
3. 촛불을 이용한 실험으로 '과학의 재미'를 전한다.

❸ 『이중나선』 *The Double Helix* 1968

제임스 D. 왓슨

분량 ●●○ 난이도 ●●○

『이중나선』, 에가미 후지오 · 나카무라 게이코 옮김, 고단샤블루백스.
『이중나선』, 최돈찬 옮김, 궁리출판.

DNA의 이중나선 구조를 발견한 왓슨이 생명과학의 기초를 쌓은 대발견의 뒷모습을 적나라하게 기록한 작품이다. 연구의 즐거움과 괴로움을 엿볼 수 있다.

미국의 분자생물학자. 시카고대학교 졸업 후 인디애나대학교에서 박사학위를 받았다. 영국의 분자생물학자 프랜시스 크릭 등과 공동으로 DNA(데옥시리보 핵산)의 이중나선 구조 모델을 밝혀냈다. 1962년에 노벨생리의학상을 수상했다.

라이벌에게 드러낸 적개심

『이중나선』은 미국의 분자생물학자인 왓슨(James D. Watson, 1928~)이 연구자가 된 이후부터 DNA의 이중나선 구조를 발견하기까지의 과정을 담고 있다.

생생한 글은 읽는 재미가 있지만, 때때로 '페어플레이 정신이라고는 눈곱만큼도 없는 프랑스였다면'이라던가, 동료인 여성 연구자 로잘린드 프랭클린을 두고 '불만스러운 결혼생활을 하는 어머니가 총명한 딸이 형편없는 남자와 결혼하지 않고 살아가도록 직업적인 기술을 익히라고 강요한 결과 이런 여성이 된 게 아닐까 하고 모두가 생각하고는 했다' 같은 독설이 등장하는 것도 인상적이다.

왓슨은 라이벌인 라이너스 폴링(미국의 물리화학자로 1954년 노벨화학상, 1962년 노벨평화상 수상)에 대해서 '폴링이 또다시 DNA 연구에 몰두하기까지 우리에게 주어진 시간은 고작 6주였다', '나는 곧바로 폴링의 문제점[2]을 찾기 시작했다. 우리가 대서양 건너편에서 느긋하게 구경만 하는 동안에 그가 다시 DNA를 파고들기라도 한다면 그때는 정말 끝이다'라며 적대감을 드러내는 대목도 몇 군데나 나온다.

폴링이 먼저 DNA 구조를 발견할까봐 초조해하다가도 어떤 때는 폴링이 먼저 발견할 리 없다고 자신감을 내비친다. 왓슨의 인간미 넘치는 글에서 연구자의 에너지가 느껴진다.

입이 거칠기로 유명했던 왓슨은 2000년대에 흑인차별 발언을 하기도 하고, 2019년에는 연구소 명예직을 박탈당하기도 했다.

『이중나선』에는 과학자가 어떤 식으로 연구를 진행해 나가는지가 일기처럼 쓰여 있다.

'나는 서둘러 당인산 골격(sugar−phosphate backbone)의 짧은 단편을 몇 개 이어보았다. 그리고 꼬박 하루 반나절을 그 골격을 중심으로 하는 적당한 이본쇄 모델을 찾아내는 데 매달렸다', '내가 분자모형을 제대로 고정하지 못해서 우물쭈물하는 모습을 지켜보던 프랜시스는 점점 초조해하기 시작했다.'

이러한 묘사를 읽으면 이과 전공자가 아니더라도 연구라는 작업이

2 1952년 2월에 폴링은 DNA가 삼중나선 구조라고 발표했으나 이는 잘못된 것으로 판명되었고 같은 해 4월 왓슨과 크릭이 이중나선 구조에 관한 논문을 발표했다.

얼마나 끈기가 필요한 일인지 이해할 수 있을 것이다.

고민 중에 문뜩 찾아온 '대발견'

DNA가 이중나선으로 되어 있다는 사실은 단백질을 모델로 촬영한 엑스선 사진을 통해 이미 알고 있었지만, DNA 구조의 열쇠인 네 개의 염기가 어떻게 연결되어 있는지는 끝까지 미스터리였다.

처음에는 A–A, G–G처럼 같은 염기[3]끼리 이어져 있다고 생각했으나 길이와 각도가 맞지 않아 고민 중이었다. 바로 그때 대발견이 불현듯 찾아왔다.

"종이에 아데닌의 고리를 빙글빙글 그리고 있을 때 문뜩 떠올랐다."

A–T, G–C로 조합하면 제대로 결합한다는 사실이 생각난 것이다. 다만 이 생각이 정확한지 아닌지 수치로 명백히 밝히기 위해서 여러 확인 작업이 필요했다.

그래서 이중나선 구조를 발표하기까지 갈 길이 멀었음에도 왓슨의 기분은 '기대감에 가슴이 두근거린다' → '이 감격을 주체할 수 없다' → '행복으로 충만해졌다'로 서서히 흥분도가 올라갔다.

이 책에서는 왓슨의 가설을 뒷받침하는 수많은 실험을 거쳐서 대발견에 이르는 궤적이 그려져 있다. 앞으로 과학자가 되기를 꿈꾸고 있다면 연구가 어떤 식으로 진행되는지 피부로 느낄 수 있을 것이다.

그리고 『이중나선』에는 폴링과 같이 과학계에서 유명한 인물이 다

---

3 아데닌(Adenine), 구아닌(Guanine), 사이토신(Cytosine), 타이민(Thymine).

수 등장한다. 동시대에 활약한 과학자들이 서로 교류하고 라이벌로서 경쟁했다는 것을 실감하게 된다.

POINT

1. 이중나선 구조를 발견하기까지의 여정을 발견자가 직접 쓴 기록이다.
2. 저자의 인간미 넘치는 캐릭터와 에피소드로 가득하다.
3. 과학연구의 과정을 실감나게 느껴볼 수 있다.

1938

나카야 우키치로

분량 ●○○ 난이도 ●●○

『눈』, 이와나미문고.
『눈』, 오재현 옮김, 지식을만드는지식.

자연설 연구로 시작하여 세계 최초의 인공 눈 제작에 성공한 과정을 담은 책이다. 과학연구란 무엇인지를 알 수 있다.

일본의 물리학자이자 수필가. 도쿄제국대학교 이학부 물리학과에서 데라다 도라히코에게 가르침을 받으며 실험물리학자를 꿈꾼다. 홋카이도대학교 이학부 교수로 근무하며 세계 최초로 인공 눈 제작에 성공했다. 저서로는 『겨울꽃』, 『입춘의 달걀』등이 있다.

연구의 계기는 '눈 결정 사진집'

표지를 넘기면 아름다운 눈 결정 사진이 제일 먼저 눈에 들어온다. 그 뒤로도 수많은 눈 결정 사진이 실려 있고 대부분 육각형이 기본 모양이다.

그런데 보다 보면 전부 온전한 형태를 갖춘 것이 아니라 여러 가지 모양이 있다는 사실을 눈치 채게 된다. 우리가 흔히 보는 결정 사진과는 사뭇 다르다.

사실 이것이 저자가 노리는 점이다. 『눈』은 자연설 연구로 시작해서 마침내 세계 최초로 인공 눈 실험에 성공한 나카야 우키치로

(1900~1962)가 일반인을 위해 쓴 책이다. 눈과 씨름하는 인간의 분투를 그린 1장, 세계 곳곳에서 이뤄지는 눈 연구와 눈의 정체, 눈 생성 방식과 결정의 분류에 대해서 해설한 2장, 홋카이도의 도카치다케에서 눈을 연구하는 모습을 기록한 3장, 그때 얻은 지식을 바탕으로 인공 눈을 만드는 연구에 관해 쓴 4장으로 구성되어 있다.

저자가 본격적으로 눈을 연구하게 된 것은 1931년에 출판된 미국의 눈 연구가 윌슨 벤틀리의 『스노우 크리스털』을 보고 나서부터다. 현미경을 이용해서 눈 결정을 찍은 책으로, 유례가 없는 눈꽃 사진집이었다. 약 3천 장이나 되는 사진이 실려 있으며 그 사진이 아름다운 것으로도 유명하다. 이 사진집의 이미지를 그대로 가져다 쓰는 일도 많아서 눈 결정 사진이라고 하면 거의 『스노우 크리스털』에 실린 사진이었다고 한다.

하지만 아름답게 나온 사진만 골라 실은 데다가 사진 배율이나 눈이 내린 시기가 기재되어 있지 않았다. 과학적인 측면을 알 수 없으니 전문가로부터 비판도 받았다. 나카야 역시도 만족스럽지 않았다고 한다. 다만 이 사진집이 눈 결정에 대해 많은 사람의 관심과 흥미를 자아냈다는 공로는 높이 평가하며, 나카야가 눈 결정을 더 깊이 연구하는 계기가 되었다.

어째서 눈 결정은 육각형일까?

나카야는 1930년에 홋카이도대학교에 부임하여 삿포로에 살았기 때문에 본격적으로 눈을 연구하기에 적합한 환경이었다. 특히 겨울에는 삿포로와 도카치다케를 오가며 오로지 눈만 관찰했다. 그리고 몇 년 동안 모은 3천 장 남짓한 사진으로 눈 결정을 분류해 나갔다. 이것이 1954년에 발표된 '나카야 다이어그램'이라는 도표다. 온도와 습도에 따라 인공 눈의 결정이 어떤 모양을 이루는지 알 수 있는 획기적인 것이었다. 이 도표는 현대에도 활용되고 있다.

그리고 마침내 나카야는 인공으로 눈을 만든다는 아이디어를 떠올렸고, 그 과정에서 겪은 시행착오를 4장에 담았다.

도카치다케에서 서리 결정을 관측하다가 서리 결정과 눈 결정 사이에 뚜렷한 유사점을 발견하게 된다. 그래서 먼저 인공 서리를 만든 다음 눈의 생성 원리를 추측하여 최종적으로 인공 눈 제작에 성공했다.

나카야는 이 책의 마지막에서 힘들게 고생하며 인공 눈을 만든 이유에 대해서 이렇게 회고했다. "가장 큰 목적은 눈의 본질을 알고 싶었기 때문이다." 그리고 "눈 결정은 하늘에서 보낸 편지라고 할 수 있다." 아마 그 '편지'는 나카야에게 러브레터처럼 애틋했을 것이다.

눈 결정이 생성되는 과정

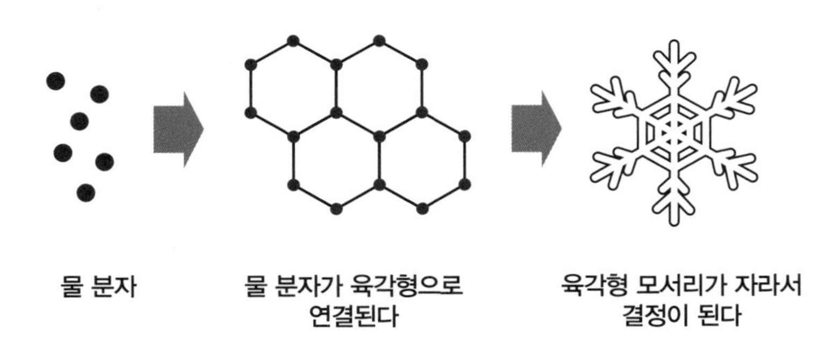

도대체 눈 결정은 어째서 육각형일까? 그것은 눈의 재료가 되는 물 분자끼리 육각형 모양을 이루며 규칙적으로 연결되기 때문이다.

이 책에는 육각형을 이루는 이유까지는 쓰여 있지 않지만, 1920년대에 영국의 물리학자인 윌리엄 브래그 등이 엑스선 측정을 통해 물 분자가 육각형으로 연결되어 결정을 만든다는 사실을 발견했다. 아름다운 눈 결정은 그 육각형의 모서리에서 자라난 것이다.

POINT

1. 인공 눈 제작 연구의 초기 단계를 들여다 볼 수 있다.
2. 사진과 그림이 많아서 신비로운 눈 결정에 빠져들게 된다.
3. 초판은 1938년 출간되었고, 이후 개정판이 출간되었다. 개정판은 현대어 표현을 사용해서 읽기 편하다.

5 『시간의 역사』 A Brief History of Time 1988

스티븐 W. 호킹

분량 ●●○ 난이도 ●●○

『호킹, 우주를 말하다』, 하야시 하지메 옮김, 하야카와문고NF.
『그림으로 보는 시간의 역사(결정판)』, 김동광 옮김, 까치.[4]

'우주란 무엇인가?'라는 인류의 근원적인 물음에 도전한 이 책은 전 세계에서 천만 부 이상 팔린 베스트셀러가 되었다. 우주를 이해하기 위한 필독서.

영국의 물리학자. '블랙홀 특이점 정리', '호킹 복사' 등을 제창하여 세계적으로 주목을 받았다. 21세에 루게릭병 진단을 받았으나 그 후로도 연구 활동을 계속하여 '휠체어를 탄 물리학자'로 알려졌다.

과학의 최종 목표는 통일장이론

밤 하늘을 올려다보니 수많은 별이 빛나고 있다. 우주다.

그렇다면 대체 우주는 어떻게 생겨나서 어떠한 구조를 이루고 있는 것일까?

고대 그리스의 철학자 아리스토텔레스는 『천체론』(기원전 340년경)에서 '지구는 둥근 구형이고 지구가 정지하고 있다'라고 주장했다. 이

4 초판(1988)을 기준으로 출간된 한글번역본(청림출판, 1995)은 현재 절판이며, 호킹이 2017년에 새로 쓴 서문과 부록을 수록한 『그림으로 보는 시간의 역사(결정판)』(까치, 2021)가 국내에 출간되어 있다.

처럼 아주 오래 전부터 현대에 이르기까지 수많은 사람이 '우주란 무엇인가?'를 상상해왔다.

『시간의 역사』의 저자 호킹(Stephen W. Hawking, 1942~2018) 박사는 '과학의 최종적인 목표는 우주 전체를 기술하는 단 하나의 이론을 제공하는 것'이라는 이른바 통일장이론(Unified field theory, 혹은 대통일이론이라고도 한다)을 확립했다.

우주에 관한 책을 읽다 보면 하나같이 이 통일장이론으로 귀결된다. 그만큼 모든 물리학자를 사로잡은 궁극의 이론이며, 아인슈타인도 똑같은 생각을 했다.

이 책은 '시간의 역사'를 이야기한다고 하지만 실제로는 '통일장이론을 향해 나아가는 과학의 역사'를 이야기한다고 보는 것이 옳다. 우주라는 끝없이 광활한 공간을 연구하려면 우주의 시작인 아주 작은 물질을 연구해서 하나로 통합할 필요가 있기 때문이다.

광활한 공간을 연구하기 위한 이론이 중력 작용을 설명한 아인슈타인의 상대성이론이다. 반대로 아주 작은 물질을 연구하는 이론이 막스 플랑크, 닐스 보어 등이 주장한 양자역학이다. 어떤 입자의 '위치'와 '속도'는 동시에 정해지지 않는다는 불확정성 원리에 기초한 이론으로 빛이나 전자는 입자와 파동이라는 이중성을 가진다.

이 두 가지 이론은 상호 모순되기 때문에 이를 통합한 '양자중력이론'을 구축하지 못해서 과학자들이 고전하고 있다.

2장과 3장은 뉴턴 역학과 아인슈타인 상대성이론의 차이, 그리고 허블이 발견한 우주의 팽창과 시간의 기원을 규명하는 빅뱅에 대해 설명한다.

여기에 등장하는 러시아의 과학자 알렉산드르 프리드만은 공간과 시간의 유한성을 주장했다. 그리고 호킹 박사는 1970년에 영국의 우주 물리학자 로저 펜로즈와 함께 시간의 기원인 '빅뱅 특이점'을 증명했다.

호킹 박사는 21세에 루게릭병(ALS, 근위축성측색경화증)이라는 운동 기능 장애를 진단받고 1~2년밖에 못 산다는 말을 들었다. 그러나 다행히도 갑작스레 증상의 진행이 느려지면서 몸 상태가 호전되었고, 일자리를 얻을 수 있는 박사 학위를 취득하여 연구자가 되었다. 덕분에 '빅뱅 특이점'을 증명할 수 있게 된 것은 우리에게도 행운이다.

빅뱅 특이점은 일반상대성이론이 불완전한 이론에 불과하다는 것을 밝혀냈다. 빅뱅 특이점 이론은 우주의 시작에는 그 이론 자체를 포함한 모든 물리학 이론이 성립하지 않는다고 예측하기 때문에, 우주가 어떻게 시작되었는지를 설명할 수 없다.

그리고 이 책은 우주를 이해하기 위해서 아주 광대한 것의 이론인 상대성이론부터 아주 미세한 것의 이론인 양자론으로 설명을 펼쳐나간다.

과학책을 즐기는 방법, 반복 독서

4장과 5장은 양자론의 중심을 이루는 불확정성 원리와 소립자에 관해 설명한다. 이 부분은 이해하기 매우 쉽다. 다만 어느 정도 배경지식을 가지고 있어야 한다는 조건이 붙는다. 개인적으로도 처음에는 우주론에 대한 이해가 부족해서 충분히 소화하지 못했다.

게다가 이 책만 읽고 우주론을 이해하기는 어렵다. 그러나 전체적으로 복잡한 수식을 쓰지 않고 알기 쉽게 설명하고 있어서, 일반인도 재미있게 읽기를 바라는 호킹 박사의 마음이 확실히 느껴졌다.

아울러 이 책 이외에도 우주론을 다룬 책을 뒤에서 더 소개할 예정이다. 그 책들과 비교하면서 읽으면 이해가 잘될 것이다. 한 번 읽고 마는 게 아니라 두 번, 세 번 반복해서 읽으면서 점점 이해의 폭을 넓혀 나가는 것이 과학책을 즐기는 방법이다.

6장과 7장에는 블랙홀에 대해서 설명한다. 1973년에는 '블랙홀의 존재는 거의 확실하다'라고 했지만 1988년 출판된 이 책에서는 '블랙홀임이 틀림없다'라는 표현을 사용했다. 그 후 블랙홀의 존재가 잇따라 규명되었고, 2011년에는 하다 가즈히로 등이 속한 연구팀이 블랙홀의 위치를 특정하는 데 성공했다.[5] 블랙홀의 존재를 믿고 연구를 이어 왔던 호킹 박사는 틀림없이 기뻐했을 것이다.

8장부터 10장은 우주의 기원에서 다시 통일장이론으로 향해 가는 이야기로 돌아간다. 일반상대성이론과 양자역학을 연결 지으려면 불확정성의 원리를 상대성이론에 적용해야 한다. 현시점에서 유력한 해결책은 초끈이론(superstring theory)이다. 이것은 '물질의 기본은 입자가 아니라, 길이는 있으나 다른 차원을 갖지 않는 무한으로 가느다란 끈 하나와 같은 것'으로 가정하는 이론이며 현재도 연구가 진행 중이다.

5 지구에서 처녀자리 방향으로 약 5440만 광년 떨어진 M87 은하 중심부에 있는 초거대 블랙홀의 정확한 위치를 일본국립천문대 등의 연구팀이 관측하여 밝혀냈다.

'왜 굳이 힘들게 통일장이론으로 이끌어야 하는가?', '무슨 도움이 되기는 하는가?'라는 질문에 호킹 박사는 이렇게 답했다.

"인간의 더없이 강렬한 욕구가 우리의 끊임없는 탐구를 충분히 정당화시킨다. 그리고 우리가 사는 이 우주를 완전하게 설명하는 것, 그것이 목표이기 때문이다."

호킹 박사의 강한 의지는 앞으로도 계속 이어질 것이다.

POINT

1. 호킹 박사는 루게릭병과 싸우면서 76세까지 연구와 집필활동을 계속했다.
2. 최신 우주론까지 다루지는 않지만, 우주론의 역사를 쉽게 이해할 수 있다.
3. 현대물리학의 역사를 공부하기에 가장 좋은 책이다.

6 『생물과 무생물 사이』 2007

후쿠오카 신이치

분량 ●●○ 난이도 ●○○

『生物と無生物のあいだ』, 고단샤현대신서.
『생물과 무생물 사이』, 김소연 옮김, 은행나무.

과학자의 사유와 일상을 소개하면서 '생명이란 무엇인가'라는 생명과학 최대의 명제에 분자생물학의 관점에서 알기 쉽게 답한 초베스트셀러.

1959년 도쿄에서 태어났다. 교토대학교를 졸업하고 하버드대학교에서 의학부 박사 후 연구원, 교토대학교에서 조교수 등을 역임했으며 아오야마가쿠인대학교 교수, 록펠러대학교 객원교수를 지냈다. 『생물과 무생물 사이』로 산토리학예상을 받았다. 저서로는 『프리온설은 사실일까?』 등이 있다.

명저를 발견하는 명저

『생물과 무생물 사이』가 베스트셀러이기는 하지만 이 리스트에 넣어도 될지 고민했다. 잡지에 연재했던 에세이를 엮은 책이기 때문이다. 다만 이 책을 읽으면 생명과학의 역사를 배우는 동시에 다른 훌륭한 생명과학책에 관한 해설을 접할 수 있어서, 또 다른 과학책까지 읽고 싶어지는 효과가 있다. 이런 점에서 '명저를 발견하는 명저'라고 할 수 있지 않을까.

이 책을 읽은 뒤에 『생명이란 무엇인가』(에르빈 슈뢰딩거, 156쪽 참조)나 『이중나선』(제임스 D 왓슨, 22쪽 참조) 등을 읽으면 머리에 쏙 쏙 들어온다.

'생물이란 자기 복제하는 시스템이다'라고 정의하면 바이러스는 생물에 속한다고 한다. 하지만 저자는 바이러스를 생물로는 인정하지 않는다. 왜일까?

이 책에서는 그 이유를 설명하기 위해서 자기 복제하는 시스템, 즉 DNA의 발견과 응용의 역사에 대해 이야기를 펼쳐나간다.

DNA라고 하면 1953년에 이중나선을 발견한 왓슨과 크릭을 가장 먼저 떠올리겠지만 그보다 앞서 1930년대에 미국의 생물학자 오즈월드 에이버리가 DNA가 유전자라는 사실을 알아낸 것이 큰 화제였다고 한다.

에이버리는 생명의 설계도를 결정하는 DNA의 요소가 4개의 알파벳 'A, T, G, C'로 표기되는 물질[6]만으로 이루어졌다는 것을 밝혀냈다. 하지만 에이버리는 겸손했고 그를 비판하는 사람들은 무자비했기에, 애당초 노벨상을 받을 자격이 충분했던 에이버리의 발견은 인정받지 못했다. 그러나 다행이도 록펠러대학교를 퇴임하기 직전인 1947년에 미국 의학계 최고상으로 불리는 래스커상을 받았다.

이 책에서는 DNA가 어떤 구조로 이루어졌는지 설명하고 이중나선의 발견으로 이야기를 이어 나간다. 읽다 보면 '생물'과 '생명'이라는 단어가 뒤섞여 등장하는데 같은 말이라고 생각하고 읽어도 무방하다.

---

6 아데닌(Adenine), 구아닌(Guanine), 사이토신(Cytosine), 타이민(Thymine).

PCR법의 원리는?

이 책에는 연구자의 생활이나 실험 방법에 대해서도 자세히 담겨 있다. 저자의 실제 체험을 소재로 한 박사 후 연구원 생활, 그곳에서 만난 랩 테크니션(연구실 기술원)[7]과의 에피소드 등 연구자의 일상을 엿볼 수 있다.

인간적인 이야기도 많다. 드라이브 데이트를 하던 도중에 PCR법의 원리를 떠올린 캐리 멀리스의 전설은 PCR 검사법이 신종 코로나바이러스로 인해 주목을 받으며 더욱 흥미롭게 다가온다.

또한 DNA의 이중나선 구조 발견에 얽힌 숨겨진 의혹도 언급한다. 왓슨과 크릭이 로잘린드 프랭클린이라는 여성 연구자가 촬영한 엑스선 사진을 무단으로 본 것이 훗날 이중나선 구조의 발견으로 이어졌다고 하는 사건이다. 이 의혹은 많은 과학자의 관심을 불러일으켰다. 이 책에는 DNA의 발견이 자세히 쓰여 있어서 『이중나선』과 함께 읽으면 훨씬 흥미진진하다.

책 후반에서는 '생명현상은 물리학과 화학으로 설명할 수 있다'라는 지론을 펼친다. 그러나 이러한 사고방식을 부정하는 과학자도 있다. 슈뢰딩거의 『생명이란 무엇인가』(156쪽 참조)의 후기에서 역자인 시즈메 야스오는 '부의 엔트로피'(negative entropy)라는 말의 오류를 가차 없이 지적하는데 그 내용도 읽으면 재미있다.

저자가 주장한 '동적평형'도 다룬다. 미국의 생화학자 루돌프 쇤하

7 연구보다는 실험적인 테크닉(샘플 분석/데이터 및 테스트 결과 수집 및 분석/결과 논의/실험실 장비 유지 등)으로 기여하는 사람.

이머는 생명체 속 단백질의 합성으로부터 생물이 살아있는 한 영양학과 상관없이 계속해서 대사가 일어난다는 사실을 증명했다. 저자는 이것을 '생명의 동적인 상태'로 정의하고 '생명이란 무엇인가'라는 명제에 대해서 '생명이란 동적평형에 있는 흐름이다'라고 재정의했다.

생물은 명백히 진화한다. 전문적인 내용을 이해하기는 어렵지만 이 책은 생명의 신비를 이해하기 쉽게 정리했다. 베스트셀러가 된 것도 이해가 된다.

POINT

1. 15편의 에세이를 정리한 책이다.
2. 생명과학의 역사를 배울 수 있다.
3. 연구자의 생생한 일상을 엿보는 재미가 있다.

7 『나비는 왜 나는 걸까?』 1975

히다카 도시타카

분량 ●●○ 난이도 ●○○

『나비는 왜 나는 걸까?』, 이와나미소년문고.
국내 미출간.

나비는 왜 같은 길을 날아다닐까? 소년 시절 품었던 의문을 파고든 저자가 자기 경험을 아이들에게 들려주는 책.

일본의 동물행동학자. 도쿄대학교 이학부 동물학과를 졸업하고 교토대학교 교수 등을 역임했다. 일본 동물행동학회를 창설하고 동물의 행동부터 생활방식을 탐구하는 학문을 일본에 전파했다. 『나비는 왜 나는 걸까?』로 마이니치 출판문화상을 받았다.

일본 동물행동학의 일인자

저자 히다카 도시타카(1930~2009)를 알게 된 것은 부끄럽게도 이 책 『과학이 좋아지는 과학책』의 원고를 쓰기 시작하면서다. 윅스퀼의 『생물이 본 세계』(117쪽 참조)를 읽고 잘 이해가 되지 않을 때 도움을 받은 책이 히다카가 쓴 『동물이 보는 세계, 인간이 보는 세계』였다. 이 책으로 처음 동물행동학이라는 학문을 접하고 흥미를 갖게 되었다. 게다가 『솔로몬의 반지』(70쪽 참조), 『이기적 유전자』(49쪽 참조) 등의 일본판을 전부 이 사람이 번역한 것을 보고 점점 궁금해지기 시작했다.

히다카 도시타카는 유럽에서 발전한 동물행동학을 가장 처음 일본에 소개한 개척자이다. 번역서뿐만 아니라 동물행동학에 관한 전문서부터 동물을 중심으로 한 에세이까지 다수의 저서도 발표했다. 히다카의 책을 읽으면 읽을수록 많은 독자에게 알리고 싶은 마음이 커져서 이 책에 소개하기로 했다.

문제는 어떤 책을 소개하는가이다. 매우 왕성한 집필활동을 했기에 직접 쓴 책만 해도 30권 이상, 공저와 번역서를 포함하면 100권이 넘는다. 고민 끝에 고른 책이 1975년에 출판된 『나비는 왜 나는 걸까?』이다.

연구 '성과'가 아닌 연구 '과정'의 기록

이 책은 1972년부터 1979년까지 간행된 '이와나미 과학책' 시리즈 중 하나로, 곤충 책을 시리즈에 포함하고 싶다는 출판사의 요청으로 쓰였다. 처음에는 당시 연구 중이던 배추흰나비의 행동에 관해 쓸 생각이었다고 한다. 그러나 이 책의 기획부터 집필까지 10년에 가까운 세월이 흐르면서 저자의 마음도 바뀌어갔다.

'연구로 무엇을 알게 되었는지가 아니라 연구 과정에 있었던 일을 쓰고 싶다.' 논리정연하게 연구 성과를 설명하는 대신에, 실수와 실패를 거듭하며 외골수처럼 나아가는 과학자의 참모습을 보여주고 싶었다.

그렇게 선택한 주제가 호랑나비 연구이다. 문외한이 보기에는 배추흰나비나 호랑나비나 그게 그거겠지만, 연구라는 것은 종종 사소한 차이를 규명함으로써 커다란 발견에 도달하는 것이다.

초등학교 고학년을 대상으로 썼기 때문에 아이들도 쉽게 읽을 수 있다. 하지만 내용은 단순한 호랑나비 관찰기가 아닌 본격적인 연구 보고서이다.

'호랑나비가 채소밭 위를 가로질러 날지 않는 이유가 뭐지?' 이 책은 저자가 어린 시절에 품었던 이 의문에서부터 시작된다.

나비가 날아가는 길은 정해져 있을까? 소년이었던 히다카는 직접 만든 지도에 호랑나비와 남방제비나비가 나는 루트를 적어 나갔다. 몇 년을 계속 관찰하다 보니 봄과 여름에 다니는 길이 다르다는 사실을 알게 되었다. 지금이야 '나비길'이라고 해서 나비가 정해진 루트로 날아다닌다는 사실이 알려졌지만, 당시 초등학생이던 히다카는 그 이유를 알 수 없었다.

그러던 어느 날 신사에서 나비를 관찰하고 있을 때 누군가 말을 걸었다. 근처에서 치과를 하는 미야카와 선생이었다. 그 후 히다카는 그로부터 많은 것을 배우게 된다.

두 사람은 함께 다카미산으로 나비를 채집하러 다녔지만, 히다카는 나비 채집보다 나비길이 어떻게 생기는지가 더 궁금했다. 이때 이미 연구자로서 재능을 품고 있던 것이다.

그러나 전쟁으로 미야카와 선생과의 교류는 중단되었고 10년도 훨씬 지난 뒤에야 다시 연구를 재개했다. 미야카와 선생과 재회한 뒤에는 알고 지내던 히라노까지 합류하여 '나비길'의 비밀을 찾기 시작했다. 관찰지는 지바현 외곽의 도치미였다.

'나비길' 연구로 알게 된 것

이 책에는 어떤 식으로 연구를 진행했는지 그 과정들이 속속들이 쓰여 있다. 세 사람은 나비가 나는 길을 기록하고 서로 대조함으로써 나비의 비행이 시간과 빛의 영향을 받는다는 사실을 알게 되었다. 더 나아가 특정 밝기 이상의 장소를 날아다닌다는 점도 밝혀냈다.

봄하고 여름도 루트가 달랐다. 이러한 사실로 볼 때 온도 역시 연관이 있으며 계절과 날씨, 시각, 기온에 따라서 나비길이 달라진다는 것을 알 수 있었다.

이후 장소를 바꾸고 새로운 동료가 합류하여 연구가 이어졌다. 그 결과 나비길은 오직 호랑나비 종류에만 존재한다는 사실을 알아냈다. 책에서는 이에 대해 나비 유충이 먹는 식물 때문이라는 이유 외에는 '밝혀진 것이 없다'라고 결론짓는다. 이밖에도 '수컷은 암컷을 어떻게 발견할까', '수컷과 암컷의 색과 냄새의 의미'에 관한 연구도 기술하고 있다.

이 책 외에도 '이와나미 과학책' 시리즈 중에는『누가 원자를 보았는가』(92쪽 참조)라는 책이 있다. 그 책을 집필한 에자와 역시 증명된 법칙을 실험함으로써 그것이 확실하다는 점을 명명백백하게 기록하고 있다. 히다카와 같은 방식이었다.

개인적으로는『나비는 왜 나는 걸까?』가 간행된 1975년을 전후로 양질의 과학 서적이 다수 출판되어 지금까지 널리 읽히는 것이 감개무량하다. 최근에는 인터넷이 보급되면서 실험 영상을 손쉽게 볼 수 있어 과학의 진입장벽이 낮아졌다. 다만 영상은 이해하기 쉽지만, 책과 비교해서 스스로 생각할 기회가 적은 것은 부정할 수 없다.

이 히다카의 책이나 『누가 원자를 보았는가』는 한 번 읽고 완벽하게 이해할 수 있을 만큼 쉬운 책은 아니지만 반복해서 읽고 싶은 재미와 깊이가 있다.

POINT

1. 끈질기게 시행착오를 반복하는 연구 과정이 흥미롭다.

2. 동물행동학이라는 학문의 재미를 느껴볼 수 있다.

3. 초등학교 고학년 이상을 대상으로 하고 있어 읽기 쉽다.

8 『페르마의 마지막 정리』 *Fermat's Last Theorem* 1997

사이먼 싱

분량 ●●○ 난이도 ●●○

『페르마의 최종 정리』, 아오키 가오루 옮김, 신초문고.
『페르마의 마지막 정리』, 박병철 옮김, 영림카디널.

수학계 최대의 난제 '페르마의 마지막 정리'. 3세기 동안 고군분투한 수학자들의 좌절과 영광, 증명에 이르는 과정을 그린 감동의 인간 드라마.

영국 출신의 작가로, 케임브리지대학교 대학원에서 소립자물리학 박사학위를 받았다. 영국 BBC 방송국에 취직하여 다큐멘터리 〈페르마의 마지막 정리〉로 영국을 비롯한 여러 나라에서 상을 받았다. 이 프로그램을 바탕으로 『페르마의 마지막 정리』를 썼다.

300년 이상 증명되지 않았던 최고의 난제

『페르마의 마지막 정리』는 수학책이다. '수식이 많이 나오면 끝까지 읽을 자신이 없는' 수학 기피자도 있을지 모르겠지만 안심해도 좋다. 이 책에는 수식이 거의 나오지 않는다. 그런데도 다 읽고 나면 왠지 모르게 수학을 다 이해한 듯한 기분이 든다.

300년 이상 증명되지 않았던 수학 최고의 난제, 페르마의 마지막 정리. 사람들의 흥미를 유발하는 부분은 프랑스의 재판관 피에르 드 페르마(Pierre de Fermat, 1601~1665)가 1637년에 놀랄만한 증명을 해냈다고 알려졌으나 '증명을 적기에는 여백이 너무 좁아서 여기에 기록할 수 없다'라고 쓰고 정작 증명은 하지 않았다는 대목이다. 페르마는 그 후 30년 동안 판사로 일하다가 사망했다. 당시 수학자들은 비밀주의 경향이 있어서 증명이 발표되는 일은 거의 없었다고 한다.

과연 페르마는 정말로 증명했을까? 이후 페르마의 정리를 두고 수학자들은 조롱거리가 된다. 그리고 페르마의 마지막 정리는 제대로 증명되지 못한 채로 '처음부터 증명 불가능했던 것'으로 치부되었다.

그러던 중 이 희대의 수수께끼를 푼 사람이 프린스턴대학교의 앤드류 와일즈(Andrew John Wiles, 1953~)다. 이 책은 와일즈가 증명에 이르는 긴 여정, 그리고 페르마의 마지막 정리와 관련된 다양한 사람들의 이야기를 다룬다.

저자 사이먼 싱(Simon Singh, 1967~)은 케임브리지대학교 대학원에서 소립자물리학 박사학위를 취득하고 BBC 방송국에 들어갔다. 그곳에서 페르마 문제에 관한 프로그램을 제작하고 그 취재 과정에서 얻은 내용을 정리하여 이 책을 냈다.

증명의 열쇠를 쥔 '다니야마-시무라의 추론'

대체 페르마의 마지막 정리란 무엇일까?

$$x^n+y^n=z^n$$

이 방정식은 자연수 n이 3 이상일 때는 정수해를 갖지 않는다는 명제의 증명이다. 18~19세기의 수학자들은 과감하게 도전했지만 계속 패배했다. 그리고 20세기가 되어 와일즈가 나타났다.

와일즈가 페르마 문제를 접한 것은 열 살 때였다. 수학에 푹 빠졌던 와일즈는 페르마의 정리를 증명하기 위해서 수학을 더 깊이 공부한다. 1975년에 케임브리지대학교 대학원에 진학하여 지도교수인 존 코츠와 만난 것이 행운을 불러왔다.

페르마 문제를 증명하려면 고도의 수학적 테크닉이 요구되기 때문에 우선 실력을 갈고닦을 연구 주제가 필요했다. 그것이 바로 타원방정식 연구였다. 타원방정식은 일본인과 깊은 관련이 있다. 바로 도쿄대학교의 시무라 고로와 다니야마 유타카이다. 수학자인 이 두 사람이 함께한 타원방정식에 관한 연구는 '다니야마–시무라의 추론'으로 불린다.

1986년 와일즈는 친구와 대화를 나누던 도중 '케네스 앨런 리벳이 다니야마–시무라의 추론과 페르마의 마지막 정리의 연관성을 증명'했다는 이야기를 듣게 된다. 이 일을 계기로 와일즈는 증명에 매진한다.

집 다락방에 틀어박혀서 회의에도 참석하지 않고 연구에 몰두했다. 처음 1년 반 동안은 새로운 테크닉을 익히기 위한 공부에 시간을 할애했다. 현대 수학은 일반적으로 공동연구를 했지만 와일즈는 혼자서 연구를 이어나갔다.

그다음 1년은 컴퓨터를 사용하지 않고 종이와 연필, 그리고 자기 머리만으로 궁리를 거듭한 끝에, 증명에는 귀납법이 적합하다는 결론을 내렸다. 더 나아가 프랑스의 수학자 엘바리스트 갈루아의 연구를 이용한다는 아이디어를 떠올린다.

1990년에는 이와사와 이론(일본의 수학자 이와사와 겐키치가 원분

체 이론의 일부로 주장한 것)을 활용해 보지만 잘되지 않았다. 벽에 부딪혔다고 생각한 와일즈는 1991년에 타원방정식 회의에 참석하고 그곳에서 콜리바긴-플라흐의 방법과 만난다. 이 방법을 발전시키기 위해서 몇 달 동안 연구하고 증명에 적용해 나갔다.

이미 한 번 버렸던 이론이 채운 마지막 조각

1993년 1월에는 증명에 도입한 방법을 확인하는 단계까지 이르렀다. 그래서 와일즈는 프린스턴대학교의 닉 카츠 교수에게 비밀리에 확인 작업을 의뢰했다. 그들은 대학원생을 상대로 강의를 개설하고, 콜리바긴-플라흐 방법의 계산을 세분화하여 하나씩 증명을 검증하게 한 다음, 최종적으로 계산 결과를 하나로 정리했다. 와일즈의 연구가 밖으로 유출되는 것을 막기 위해서였다.

작업이 끝나고 마침내 1993년 6월 21~23일에 걸친 세 번의 강연에서 페르마의 마지막 정리의 증명을 발표했다. 바로 그날부터 와일즈는 화제의 인물이 되어 세상의 주목을 받게 되었다.

하지만 그걸로 끝이 아니었다. 논문을 제출한 뒤 심판관의 심사를 거쳐야 했다. 8월 23일, 3장에서 증명의 결함이 발견되었다. 게다가 그 결함은 쉽게 수정할 수도 없었다. 제출한 지 반년 이상 지나도 논문이 공표되지 않자 '정보를 공개해야 한다'라는 비판이 확산되었다.

하지만 이대로 논문을 공표하면 와일즈의 공적이 아니라 그 결함을 증명한 사람이 최종적으로 증명한 셈이 되기 때문에 와일즈로서는 양보할 수 없었다. 덧없이 시간이 흘러가고 '1994년 9월 말까지 증명하지 못하면 결함이 있는 증명을 발표하자'라고 결심한다.

그러던 9월 19일, 예전에 버렸던 이와사와 이론을 증명에 사용할 수 있다는 사실을 깨닫고 증명의 결함을 메울 수 있게 되었다. 와일즈는 이때의 심경을 이렇게 털어놓았다. "말로 표현할 수 없는 아름다운 순간이었습니다."

10월 25일, 마침내 논문이 발표되었다.

수학 연구가 진행되는 과정은 개인적으로 미지의 세계였기 때문에 재미있었고, 마지막 부분은 마치 영화를 보는 것처럼 가슴을 두근두근하며 단숨에 읽었다. 수학의 연구 과정은 매우 흥미진진했다. 곧바로 문제의 답을 공략하기보다는 추론하고 증명하는 과정이 충분히 필요하다는 점은 수학이라는 학문이 지닌 고유한 특성일 것이다.

POINT

1. 수학의 증명을 다루지만 읽기 쉽다.

2. 수학자가 증명해 나가는 과정을 잘 이해할 수 있다.

3. 많은 수학자가 등장하고 역사적 인물은 상세하게 설명되어 있다.

9 『이기적 유전자』 *The Selfish Gene* 1976

리처드 도킨스

분량 ●●● 난이도 ●●●

『이기적인 유전자』, 히다카 도시타카 · 기시 유지 외 옮김, 기노쿠니야서점.
『이기적 유전자』, 홍영남 · 이상임 옮김, 을유문화사.

인간은 어째서 살고 사랑하고 싸우는가? 생물의 진화를 유전자의 관점에서 철학적으로 고찰하여 사람들의 생물관을 근본부터 뒤흔든 명작.

영국의 진화생물학자이자 동물행동학자. 노벨상을 수상한 동물행동학자 니코 틴버겐의 가르침을 받았다. 첫 저작인 『이기적 유전자』가 세계적인 베스트셀러가 되어 유명해졌다. 그 밖의 저서로 『에덴의 강』, 『눈먼 시계공』 등이 있다.

일벌이 목숨을 희생해서 침을 쏘는 까닭은?

책의 첫인상은 '매우 두껍다'였다. 내가 가지고 있는 책은 '40주년 기념판'인데 584쪽이나 된다.[8] 그러나 별로 어렵지 않게 읽은 이유는 다윈의 『종의 기원』(121쪽 참조)을 먼저 읽은 덕분일 것이다.

저자 도킨스(Richard Dawkins, 1941~)는 진화생물학자이자 동물행동학자이면서 열렬한 다윈주의자라고 책에서 분명히 밝히고 있다. 실제로 존재하는 수많은 사례를 바탕으로 이론 무장을 해 나가는 방식

8 한글번역본 40주년 기념판은 632쪽이다.

도『종의 기원』과 비슷하다.

이를테면 책에서는 일벌을 예로 들어 설명한다. 일벌이 침을 쏘는 행동은 죽음을 뜻한다. 이처럼 자살 행위인 줄 알면서도 일벌이 꿀 도둑으로부터 동료를 지키는 행위는 이타적이라고 할 수 있을 것이다.

그러나 실제로 일벌은 이기적으로 행동한 것이다. 일벌은 알을 낳지 않고 근연 개체를 돌보는 데 모든 힘을 쏟아 자신의 유전자를 보존한다. 불임인 일벌 한 마리가 죽는 것은 아주 사소한 일이라는 뜻이다.

여왕벌은 한번 교미하면 저장된 정자로 평생 알을 낳을 수 있다. 게다가 모든 알이 수정되는 것도 아니어서 미수정란이 성장하면 수컷이 된다. 즉 수컷에게는 아버지가 없다.

어떤 유전자를 남기려고 할 때 수컷을 낳으면 50%의 확률로 전달되지만 암컷을 낳으면 75%의 확률로 전달된다. 이 때문에 암컷을 많이 남기는 방향으로 진화한 것이다.

이처럼 생물은 이타적으로 보이는 행동을 할 때가 있지만 자신의 유전자가 생존하기 유리하게 움직일 뿐이다.

현대의 생물이 가진 유전자는 혹독한 생존경쟁에서 살아남은 유전자이며 따라서 상당히 '이기적인 유전자'인 셈이다.

생물은 유전자를 실은 '생존 기계'

30~40억 년 전에 해양을 구성하고 있던 '원자의 수프' 속에서 어느 날 우연히 '자기복제자'가 생겨남으로써 생물이 발생했다고 추정된다.

그 자기복제자가 잇따라 수프 속에서 복제를 거듭한다. 그러자 돌

연변이가 나타나고 생존경쟁에 의해 오래 살아남은 자기복제자가 수를 늘려 간다. 자기복제자에도 자연도태가 일어나면서 안정성을 띠는 방향으로 진화한다. 이렇게 해서 살아남은 자기복제자는 자신이 살아갈 '생존 기계'를 만들고 유전자(DNA 분자)가 되었다.

도킨스는 '생물은 생존 기계다'라고 말한다. 생물이란 유전자가 외부의 적으로부터 자신을 지키기 위해서 쌓아 올린 생존 기계와 다름없다. 다른 말로 하면 몸은 유전자를 실은 운송수단(vehicle)이다. 운송수단 자체는 복제하지 않고 유전자가 복제하도록 움직인다. 유전자는 운송수단을 갈아타면서 자신의 복제품을 계속해서 퍼뜨려 나간다.

인간에게는 문화가 있다. 새로운 자기복제자에 의해 문화가 전달된다고 해서 유전자(gene)와 발음이 비슷한 '밈'(meme)이라고 이름 붙였다.

'밈'은 문화적 전달 단위이면서 유전자처럼 자기복제를 반복하는 성질을 지녔다. 다만 유전자든 밈이든 의식이 있는 목적 지향적 존재로 간주해서는 안 된다. 도킨스는 다소 인간 중심적으로 사고한다. '우리는 유전자 기계로 만들어져 밈 기계로 교화되어 왔다. 그러나 우리에게는 창조자에게 맞설 힘이 있다. 이 지상에서 우리만이 유일하게 이기적인 자기복제자들의 전제 지배에 저항할 수 있다'라고 주장한다.

유전자는 생명과 어떻게 연관되어 왔을까?

이 책이 발표되고 나서 유전자 자체가 자유의지에 따라 이기적으로 행동한다는 이미지가 생겼는데, 그것은 오독이다. 도킨스도 오독을 예상하고 책 안에서 '[이기적 유전자]라는 표현은 간단히 설명하기 위한 비유에 불과하다'라고 말했다.

또한 '진화에 근거한 도덕성을 주장하려는 의도가 아니다'라는 양해도 구한다. 그만큼 이 표현을 신중하게 사용했지만, 출판 당시에는 비판도 많았다고 한다.

초판 타이틀의 일본어 번역은 '생물-생물기계론'이었다. 유혹적인 원제가 오용 및 악용되지 않도록 역자가 의도적으로 바꾼 것이다. 제2판부터는 원제인 '이기적인 유전자'로 다시 바뀌어 폭발적으로 팔려나갔다.

12장과 13장은 독자들이 초판에 보냈던 흥분의 열기를 해치지 않으면서 이해를 돕기 위해 2판에서부터 추가되었다. 협력과 배신을 두고 거래하는 '죄수의 딜레마'(Prisoner's Dilemma)라는 카드 게임(게임 이론)을 예로 들어서, 이기적인 유전자가 지배하는 세계에서조차 협력적인 사람이 승자가 될 수 있다는 사실을 입증한다. 긴 내용을 다 읽을 자신이 없는 사람은 전반부를 대충 훑어보고 '이기적', '자기복제자', '생존 기계' 등의 용어를 이해한 뒤에 1~11장의 총정리라고 할 수 있는 12장과 13장을 먼저 읽어도 된다.

이 책은 '생물 철학'책이라고 말해도 좋을 것 같다. 유전자의 올바른 기능을 설명하고, 유전자가 생명과 어떻게 연관되어 왔는지 철학적으로 고찰한 내용이기 때문이다. 단순히 이기적, 이타적이라는 말의 뜻을 따질 것이 아니라 유전자를 인간으로 치환해서 '한 명의 자기복제자'가 진화하는 이야기로 읽는 자세가 필요하다.

POINT

1. 영국 역사상 가장 영향력 있는 과학자 1위에 선정되었다.
2. 베스트셀러가 되었지만 '생물은 기계다'라는 의견에 비판도 많았다.
3. 유전자의 진화를 해설한 책이 아니라 '진화 자체에 관한 이야기'이다.

10 『나비의 생활』 *Das Leben der Schmetterlinge* 1928

프리드리히 슈나크

분량 ●●○ 난이도 ●●○

『나비의 생활』, 오카다 아사오 옮김, 이와나미문고.
국내 미출간.

나비와 나방의 아름다움, 생태, 그들에 얽힌 신화를 시적인 문체로 그린 박물지. 인생에 즐거움을 안겨준 나비와 나방을 향한 저자의 사랑으로 가득한 책이다.

독일의 작가. 오랫동안 마다가스카르 섬에 머물면서 자연을 탐구했으며, 소박한 자연감정과 근대적 박물학[9] 지식을 융합하여 시와 소설을 썼다. 특히 전원소설을 잘 썼으며 저서로는 『숲속의 세바스티안』 등이 있다.

나비를 사랑하는 사람이 쓴 '나비와 나방' 이야기

저자 슈나크(Friedrich Schnack, 1888~1977)는 나치 시대에 활동한 독일 작가다. 그 시대에 활약했던 작가는 대부분 전쟁 후에 탄핵 당했으나 슈나크는 높은 평가와 칭송을 받았다. 그가 쓴 작품에는 생명이 있는 모든 것에 대한 경외심, 명석한 자연과학적 인식, 높은 윤리적 태도가 담겨 있다고 평가되었기 때문이다.

『나비의 생활』 맨 앞장에는 작가답게 감수성 풍부한 문장으로 '바치

9 동물학, 식물학, 광물학, 지질학을 통틀어 이르는 말. 본디 천연물 전체에 걸친 지식의 기재를 목적으로 하는 학문을 이른다.

는 글'이 쓰여 있다. 그중 한 구절이다. "어릴 때부터 나는 줄곧 이 비행가들을 연모해왔다." 이 한 줄만으로도 나비를 사랑하는 슈나크의 마음이 전해진다.

이런 말도 남겼다. "이 책에 담긴 모든 박물학적 기록은 학문적으로도 신뢰할 수 있다는 점을 감히 말씀드리고 싶다." 슈나크는 말하자면 아마추어 나비 연구가다. 그런데도 이렇게까지 잘라 말하는 데는 상당한 자신감과 각오가 있었기 때문일 것이다. 읽다 보면 내용의 깊이에는 확실히 수긍하게 된다.

제목은 『나비의 생활』이지만 나방에 대해서도 다룬다. 나비와 나방은 무엇이 다른가? 생물학적으로 나비와 나방은 차이가 없다. 나비는 대부분 낮에 날아다니고 나방은 대부분 밤에 날아다닌다. 하지만 전부가 그렇지는 않다. 색이나 촉각, 앉는 방식 등 다른 점이 있기는 하지만 명확한 차이는 없다고나 할까.

어쨌든 나비와 나방은 색채가 다르다. 나비는 화려한 종류가 많고 나방은 갈색 계열이 많다. 이 대조적인 색채를 생생하게 느낄 수 있을 만큼 나비와 나방을 정밀하게 묘사했다.

한 편의 문학처럼 읽히는 책

이 책에서는 16종의 나비와 29종의 나방에 대해서 각각의 특징 및 생태를 자세히 설명한다.

특징이라고 해도 생물학적인 설명은 아니다. 겉모습에 홀려서 나비를 사랑하게 된 사람(슈나크)의 감성으로 표현한다. 생태 또한 슈나크

『나비의 생활』에 등장하는 나비와 나방

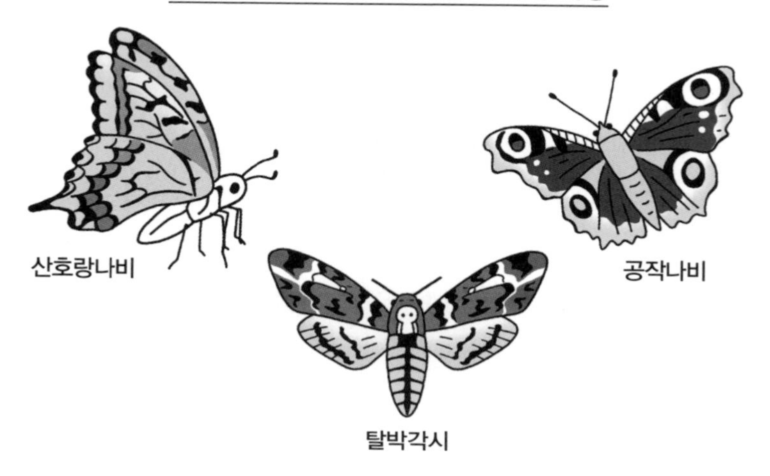

본인이 꼼꼼하게 나비와 나방을 관찰한 시점으로 기록했다.

예를 들면 산호랑나비는 이렇게 표현했다. "이슬람의 낙원에 산다는 영원의 처녀들을 보는 듯이, 커다란 눈이 있는 머리는 심홍색으로 장식되었고 마호가니 나무 같은 갈색 몸은 불처럼 빨간 테를 두르고 있다." 등에 해골 무늬가 있는 탈박각시는 "그 무서운 무늬로 인해 이 나방은 인간에게 죽음을, 그 죽음 너머의 저승을 떠올리게 한다"라고 썼다. 이렇게 슈나크만의 독특한 언어로 쓰여 있다 보니 마치 문학 작품을 읽는 듯하다.

날개에 큰 눈 모양이 있는 공작나비에 대해서는 '전설의 시대에 버려진 연인의 눈물'이라는 표현으로 스토리를 자아내기도 한다.

이어지는 설명에 독자들이 지루해하지는 않을지 걱정되었던 것일까? 나비와 나방 이야기 사이에는 고대 그리스의 호메로스, 안토니우스 성인, 소년 페터와 팀이 등장하는 세 편의 '나비 이야기'가 실려 있다. 덕분에 작가인 슈나크의 상상력 넘치는 이야기를 함께 감상할 수 있다.

이 책을 읽기 전에 제목과 목차를 보고 나비와 나방을 소개한 도감 같은 책이라고 생각했다. 하지만 실제로는 '소설'이라고 해도 무방한 내용이었다. 그래서 나비나 나방에 관심이 없는 사람도 쉽게 읽을 수 있다. 읽으면 새로운 세계가 펼쳐질 것이다.

POINT

1. 저자는 많은 박물학 서적을 출판하였고 자연과학 지식도 해박하다.
2. 나비와 나방의 특징과 생태, 그에 얽힌 신화 등이 쓰여 있다.
3. 저자가 직접 그린 정밀한 나비와 나방 그림을 삽화로 사용했다.

CHAPTER 2

과학적 사고력을 길러주는 과학책

과학적으로 생각한다는 건 무엇일까

『코끼리의 시간, 쥐의 시간』 / 모토카와 다쓰오

『케플러의 꿈』 / 요하네스 케플러

『솔로몬의 반지』 / 콘라트 로렌츠

『침묵의 봄』 / 레이첼 카슨

『메뚜기를 잡으러 아프리카로』 / 마에노 울드 고타로

『곤충기』 / 장 앙리 파브르

『0의 발견』 / 요시다 요이치

『누가 원자를 보았는가』 / 에자와 히로시

『이상한 나라의 톰킨스 씨』 / 조지 가모브

『수학 귀신』 / H. M. 엔첸스베르거

11 『코끼리의 시간, 쥐의 시간』 1992

모토카와 다쓰오

분량 ●●○ 난이도 ●●○

『코끼리의 시간, 쥐의 시간』, 주코신서.
『코끼리의 시간, 쥐의 시간』, 이상대 옮김, 김영사.

몇 년밖에 살지 못하는 쥐와 수명이 70년인 코끼리는 애초부터 시간을 다르게 느낄까? 동물의 크기를 통해 그 의문점에 다가가는 독특한 책이다.

1948년 일본에서 태어났다. 도쿄대학교 이학부를 졸업하고 류큐대학교 조교수, 듀크대학교 객원 조교수를 거쳐서 도쿄공업대학교 교수(현재는 명예교수)를 지냈다. 전공은 동물생리학이다. 저서로는 『산호와 산호초 이야기』, 『생물학적 문명론』, 『성게, 메뚜기, 불가사리가 그렇게 생긴 이유』 등이 있다.

동물의 '크기'와 '시간'의 관계

『코끼리의 시간, 쥐의 시간』에 따르면 동물은 크기에 따라서 민첩성이나 에너지 소비량, 수명이 다르다. 저자는 '크기라는 관점을 통해 생물을, 그리고 인간을 이해하는 것'이 이 책의 목적이라고 밝히고 있다.

동물의 시간은 체중의 4분의 1제곱(몸길이의 4분의 3제곱)에 비례한다.
산소 소비량은 체중의 4분의 1제곱에 반비례한다.
에너지 소비량은 체중의 4분의 3제곱에 비례한다.

동물들은 시간과 관련한 현상은 대개 4분의 1제곱 법칙을 따르고,

생명에 관한 현상은 대체로 4분의 3제곱 법칙을 따른다.

이렇게 동물의 다양한 면을 '체중의 몇 제곱에 비례하는가?'라는 관점으로 고찰하는 것이 이 책의 특별한 점이다.

이과 유형의 인간은 모든 현상에서 규칙성을 찾아내어 일반화하려는 경향이 있다. 예를 들어보자. '면적은 길이의 제곱에 비례하고 부피는 길이의 세제곱에 비례한다'는 제곱-세제곱 법칙(Square-cube law)이 있다. 면적은 가로×세로, 부피는 가로×세로×높이로 구하는 수식에 기초한 법칙이다. 여기서 문과 유형의 사람은 도대체 왜 그렇게 몇 배, 몇 분의 일, 몇 제곱을 신경 쓰는지 이상하게 생각할 수도 있다.

그런데 이 법칙은 정확한 계산을 하기 위한 것이 아니다. 대략적인 크기를 어림잡아 파악하는 것이 목적이다. 아마 이과 유형의 사람은 어느 정도 수치로 입증되어야만 안심하는지도 모르겠다.

동물의 크기와 수명의 관계

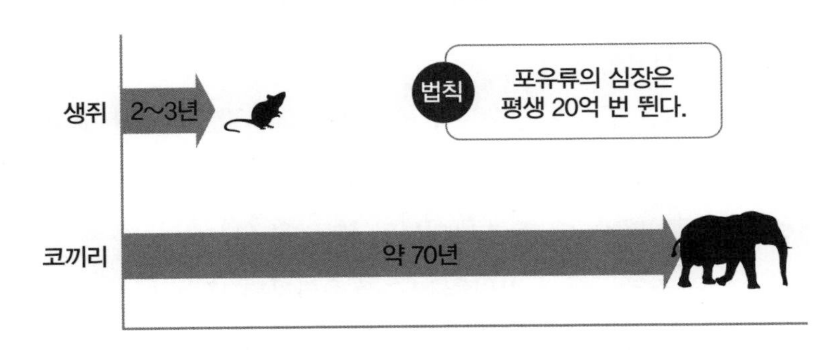

➡ 심장이 한 번 뛰는 데 걸리는 시간(심장 주기)은 생쥐 0.1초, 코끼리 3초.

➡ 평생 동안의 심박수는 다르지 않다.

동물의 세계관을 이해하는 흥미로운 방법론

이 책에서는 '체중의 n제곱에 비례한다'와 같은 형식으로 수식을 바꿔 가면서 증명한다. 단, 전부 완벽하게 증명하지 못하고 실험 결과에 맞춰서 법칙을 성립시키는 면이 있다. 이에 대해 저자는 이렇게 말했다. "설명하지 못하면 학문이 아니라는 생각은 지당한 말씀이지만, 논리가 부족한 학문일지라도 조금은 뻔뻔해져도 되지 않을까 생각한다."

실험을 통해 밝혀진 사실을 인정받아도, 어째서 그 식이 성립하는지 모르는 경우는 많이 있다. '이유를 모르면 과학이 아니다'라고 규정하는 사람도 많다. 다만 이 세상의 현상 중에는 아직 밝혀지지 않은 것이 많고, 그것을 다양한 연구로써 하나씩 해명해 나가는 중이다. 그 점을 이해해주길 바란다.

책에 수식과 숫자가 많이 나와서, 보기만 해도 머리가 아픈 사람은 좀처럼 진도가 나가지 않을 것이다. 아이들에게도 장벽이 조금 높은 편이다. 하지만 대부분의 독자는 전문가가 아닐 테니 자세한 수치에 너무 매달릴 필요는 없다.

짚신벌레 같은 단세포 생물부터 코끼리와 고래처럼 커다란 생물까지 일정한 규칙을 적용할 수 있다는 점이 이 책의 또 다른 매력이다. '대충 이런 뜻인가?'하고 가볍게 읽기만 해도 '크기나 모양, 성질이 다른 복잡한 구조의 동물도 기원을 거슬러 올라가면 모두 똑같구나!'라고 감탄하게 될 것이다.

POINT

1. 동물의 크기와 시간의 속도에 대해서 고찰한다.
2. 동물에 대해서 일정한 규칙성을 도출하는 점이 독특하다.
3. 수식이나 숫자를 이해하지 못해도 흥미롭게 즐길 수 있다.

12 『케플러의 꿈』 *Kepler's Somnium* 1634

요하네스 케플러

분량 ●●○ 난이도 ●●●

『케플러의 꿈』, 와타나베 마사오 · 에노모토 에미코 옮김, 고단샤학술문고.
국내 미출간.

천동설이 주류이던 시대에 지동설에 기초하여 쓰인 '달 여행기'다. 지식의 세계에 상상력으로 도전한 이 공상과학소설은 후대의 과학에 큰 영향을 끼쳤다.

독일의 천문학자. 천체의 운행 법칙에 관한 '케플러 법칙'을 주창한 것으로 알려졌다. 이론적으로 천체의 운동을 밝혔다는 점에서 천체물리학자의 선구자적 존재라고 할 수 있다. 저서로는 『우주의 신비』, 『신천문학』 등이 있다.

'케플러의 세 가지 법칙'을 발견

케플러(Johannes Kepler, 1571~1630)는 갈릴레오 갈릴레이와 거의 같은 시기에 활약했다. 플라톤 이후 천문학자를 괴롭혀 온 '행성의 운행을 등속 원운동으로 잘 설명하지 못하는 이유는 무엇일까'라는 문제에 처음으로 올바른 답을 내놓은 인물이다.

케플러의 집은 가난했지만 일찍부터 그 재능과 의지를 인정받아서 장학생으로 학교에 다닐 수 있게 되었고 독일 남부에 있는 튀빙겐대학교까지 진학했다. 신교도였던 케플러는 신학과 철학을 공부해서 목사가 될 작정이었으나 미하엘 메스틀린 교수에게 코페르니쿠스의 태양중심설(지동설)을 배운 뒤 천문학에 일생을 바치게 되었다. 졸업 후에는 오스트리아 그라츠의 학교에서 수학 교사가 되었으며, 1596년에 첫 천문학 저서인 『우주의 신비』를 출판했다.

1600년에 그라츠에서 신교도 추방령이 내려지면서 케플러는 덴마크의 천문학자였던 튀코 브라헤의 권유로 체코 프라하로 이주했다. 브라헤는 망원경이 존재하지 않던 당시로서는 가장 높은 정밀도로 20년 이상 천체관측을 이어오고 있었다. 1601년에 브라헤가 사망하자 케플러는 그 귀중한 데이터를 물려받아 화성의 운동을 비롯하여 다양한 연구를 했다. 그리고 태양계의 행성이 태양 주위를 도는 궤도(공전궤도)의 형태가 원이 아닌 '타원'이라는 사실을 밝혀내고, 행성 운동의 세 가지 규칙성을 발견했다. 이것은 현재 '케플러의 세 가지 법칙'으로 알려져 있다. 1609년에 제1법칙과 제2법칙에 관해서 쓴 『신천문학』을 발표했으며, 1619년에는 제3법칙을 『우주의 조화』라는 제목으로 발표했다.

제1법칙: 행성은 태양을 하나의 초점으로 하는 타원 궤도를 그린다.

제2법칙: 행성과 태양을 묶는 선분이 단위 시간에 그리는 면적은 일정하다 (행성은 태양에 가까워질수록 빠르게, 멀어질수록 느리게 움직인다).

제3법칙: 행성의 공전 주기의 2제곱은 궤도 긴반지름의 3제곱에 비례한다 (행성이 태양에서 멀리 있을수록 천천히 움직인다).

케플러의 세 가지 법칙에 기초하여 계산된 행성 운행 예정표를 '루돌프 표'(Rudolphine Tables)라고 하며, 기존에 사용하던 역표보다 훨씬 정확해서 천문학자나 항해자들에게 큰 도움이 되었다.

『케플러의 꿈』의 바탕에 깔린 '달 천문학'이라는 발상은 튀빙겐대학교 재학 시절부터 시작되었다. 대학 졸업을 앞둔 1593년에 '달 위의 관찰자에게 천문 현상은 어떻게 보일까'라는 토론 주제로 논문을 제출했다. 하지만 태양중심설을 지지하지 않는 묄러 교수가 채택하지 않아서 토론은 열리지 않았다. 이후 1609년에 '달 천문학'을 논의할 기회를 얻자, 몇 년 전부터 염두에 두었던 달 여행기를 소재로 삼은 이 책의 개요를 써서 발표했다. 그것은 큰 인기를 얻었고 이 문제에 관심이 있던 사람들이 열성적으로 돌려 읽었다.

제3법칙이 발견된 무렵 오스트리아(신성로마제국)에서는 마지막 종교 전쟁(30년 전쟁)이 시작되었다. 혼자 사는 여성들을 마녀사냥의 희생양으로 삼던 시기였기에 케플러의 어머니도 잡혀가고 말았다. 케플러는 자전적 공상과학소설인 달 여행기에서, 주인공의 어머니가 정령이나 악마와 소통할 수 있어서 악마가 달을 여행하는 수단을 제공해준다는 이야기를 썼다. 그것이 화근이 되어 케플러의 어머니가 마녀라고 고발당한 것이다.

케플러는 그의 어머니가 마녀라고 고발 당한 이유가 된 사건이 마술 때문이 아니라 자연 현상이라고 설명하고 당시로서는 드물게 어머니를 구하는 데 성공했다. 그러나 구류 중에 고된 고문을 받은 것이 원인이 되어 어머니는 돌아가시고 말았다. 분노한 케플러는 책의 완성과 출판에 힘을 쏟았고, 그 결과 주석과 부기가 본문의 4배를 넘게 되었다. 하지만 안타깝게도 생전에 책이 출판되는 것을 보고 싶었던 케플러의 바람은 이루어지지 않았다. 이후 유족들의 각별한 노력 끝에 케플러가 죽고 4년 뒤인 1634년에 출판되었다. 케플러의 다른 저작과 마찬가지로 라틴어로 쓰였으며 19세기 후반에는 독일어로 번역되었다. 근대 과학적 달 여행기로서는 사상 최초의 작품이며, 이후에 나오는 우주 여행기(쥘 베른, 허버트 조지 웰스 등)에 지대한 영향을 끼친다.

달 여행을 그린 SF소설

이 책은 저자인 케플러가 꿈에서 읽은 책에 관한 이야기로 시작된다.

주인공 두라코투스는 아이슬란드에 사는 소년으로, 어머니 피오르크힐테의 죽음을 계기로 여행기를 쓰게 된다. 어머니가 살아 계신 동안에는 마음껏 글을 쓰지 못하게 했기 때문이다. 이 책에 등장하는 '아버지는 어부였고 150살까지 오래 살았다'라는 어머니의 말에서 상상 속 이야기라는 사실을 알 수 있다.

책을 읽다 보면 문장 안에 번호가 달린 주석이 많이 나오는데 전부 223개다. 이 주석은 케플러가 직접 상세히 해설한 것이다. 본문은 31쪽인데 비해서 주석은 110쪽에 달하며, 그중에는 그림으로 해설한 것도 있다. 여기에 역자 주가 추가되고, 해설도가 31개나 있다 보니 하나하나 확인하면서 읽으면 좀처럼 진도가 나가지 않는다. 그래서 우선 주석을 신경 쓰지 않고 본문을 대충 훑어보기로 했다.

주인공이 약초를 가득 담은 산양 가죽 주머니를 갈기갈기 찢어 못쓰게 만들자 노발대발한 어머니가 주인공을 선장에게 팔아넘긴다는 터무니없는 에피소드로 이야기의 막이 오른다.

이제 겨우 열네 살이 된 주인공은 덴마크에 있는 섬에 버려진 채 몇 년을 보냈으며, 그곳에서 천문학에 흥미를 갖게 되었다. 5년의 세월이 흘러 고향이 너무나도 그리웠던 주인공은 고향으로 돌아갔다. 아들을 잃고 매일 슬픔에 잠겨 지내던 어머니도 돌아온 소년에게 꼭 달라붙어서 떨어질 줄을 몰랐다. 소년이 어머니에게 자신이 배운 천문학이 무엇인지 이야기하자, 어머니는 매우 기뻐하며 정령과 레바니아의 이야기를 들려주었다. '레바니아'는 달을 뜻한다. 여기서부터 마술사의 목소리로 레바니아에 관한 이야기가 시작된다.

이어지는 '레바니아에서 데몬'이라는 장에서는 레바니아로 떠나는 여행기가 펼쳐진다. 레바니아에 도착하기까지는 네 시간이 걸렸다. 네 시간이라는 거리에 대해서 저자는 월식이 지속되는 시간이나 그 형태적 특성, 이밖에도 여행자의 태도라는 요소를 포함하고 있다고 설명했다.

이제부터 스포르바(지구에서 보이는 달의 앞면), 프리보르바(지구에서 보이지 않는 달의 뒷면), 보르바(달에서 본 지구) 등의 특수한 용어가 나오기 때문에 주석이 없으면 잘 이해가 되지 않는다.

레바니아 여행 이야기가 끝나면 다음은 끝없이 열린 레바니아의 하늘 이야기가 펼쳐진다. 요약하면 달에서 바라본 지구가 차고 이지러지는 모습이나 달의 사계, 달의 기후 구분과 같은 천문학적 내용이 쓰여 있다.

마지막은 프리보르바(달의 뒷면) 반구와 스포르바(달의 앞면) 반구에 관한 이야기로 끝을 맺는다.

이 책의 매력은 '케플러의 세 가지 법칙'이라는 천문학의 위대한 법칙을 발견한 저자가 쓴 SF소설이라는 점이다. 자신의 지식을 동원하여 달 위에서 볼 수 있는 천문 현상에 관해 쓰고, 달 겉면의 기상이나 지리학에 대해서는 발명된 지 얼마 되지 않은 망원경을 통해 얻은 내용을 바탕으로 추리하여 집필했다. 논문이 무색할 만큼 당시의 최첨단 정보가 가득 담긴 SF소설이라고 할 수 있다.

POINT

1. 행성의 운동에 관한 세 가지 법칙을 발견한 저자의 공상과학소설이다.
2. 케플러 사망 후인 1634년에 출판되었다.
3. '달 여행'을 다룬 단편 소설로 본문의 4배나 되는 '주석'이 실려 있다.

13 『솔로몬의 반지』 *Er redete mit dem Vieh, den Vogeln und den Fischen* 1949

콘라트 로렌츠

분량 ●●○ 난이도 ●●○

『솔로몬의 반지』, 히다카 도시타카 옮김, 하야카와문고NF.
『솔로몬의 반지』, 김천혜 옮김, 사이언스북스.

새와 물고기에 대한 관찰력과 깊은 통찰력에 기반하여 들려주는 동물들의 유쾌한 에피소드. 동물행동학을 개척한 명저이다.

오스트리아의 동물행동학자. 빈대학교에서 의학, 철학, 동물학을 공부했다. '각인'에 대한 연구자로서 근대 동물행동학을 확립한 인물로 알려졌다. 동물행동학 창설과 관련하여 1973년 노벨생리의학상을 받았다.

동물행동학의 일인자

제목에서 말하는 '솔로몬의 반지'는 구약성서에 나오는 마법 반지다. 솔로몬 왕이 하사받은 이 반지가 있으면 온갖 동물과 대화할 수 있게 된다. 이것을 두고 로렌츠(Konrad Lorenz, 1903~1989)는 반지를 가졌다는 점에서는 솔로몬 왕이 우세하다고 패배를 인정한다. 그러나 동물과 친해지기 위해서 마법 반지를 사용하는 것은 치사하다는 게 저자의 평소 신조였다. "반지가 없어도 내가 잘 아는 동물이라면 대화를 할 수 있다." 이 말에서 연구자의 자긍심이 느껴진다.

이 책은 노벨상을 받은 동물행동학자 로렌츠가 네발짐승과 조류, 어류의 생태를 묘사한 책이다.

물론 동물과 언어로 의사소통할 수는 없다. 로렌츠는 여러 가지 행동과 울음소리로 동물이 무엇을 말하고 싶은지 알아차리고 독자에게 전달해준다. 마법의 반지도 없고, 로렌츠와 같은 능력도 없는 우리도 이 책을 통해서 동물의 마음을 이해할 수 있다.

책의 부제는 '동물행동학 입문'이다. 이 책의 일본어판 번역자 히다카 도시타카는 역자 후기에서 이렇게 말했다. "동물의 행동에 관한 연구를 학문의 중요 분야로 확립한 인물이 로렌츠이며, 최초의 책이 바로 이 책이다."

사실 로렌츠가 이 책을 집필한 계기는 '분노'였다. "오늘날 온갖 출판사에서 출간되고 있는 아주 악질적인 허구로 가득한 동물 이야기에 대한 분노, 동물을 이야기한다고 자칭하면서 동물에 관해 아무것도 모르는 저자들에 대한 분노다."

그나마 어니스트 톰슨 시턴(미국의 동물 소설가이자 삽화가)처럼 평생 동물을 연구하고 책을 집필한 인물도 있기는 했다. 그러나 동물 연구를 둘러싼 상황이 달라진 것에 로렌츠는 분노를 느꼈을 뿐이다. 그는 이렇게 말했다.

"동물이 얼마나 근사한 존재인지 독자에게 이야기할 때 이런 식의(과학적인 정확한 근거가 없다는 사실을 속이는 수단으로써 예술적으로 묘사하는) 자유는 전혀 필요 없다."

"자연에 대해서 알면 알수록, 자연이 살아있다는 사실에 인간은 더욱 깊고 더 영속적인 감동을 느끼게 된다."

로렌츠가 평생을 바친 동물 행동 연구를 하기 위해서는 살아있는 동물과 직접 접촉하며 어울릴 수 있는 친화력과 남들보다 뛰어난 관찰력이 필요하다. 물론 여기에는 온갖 어려움이 따른다. 이 고난을 극복하는 길은 동물을 향한 사랑뿐이라고 말한다.

"분명 분노에 사로잡혀 이 책을 쓰기는 했지만, 애정이 있기에 분노 또한 하게 되는 것이다."

동물을 향한 '사랑'이 한가득

이 책은 전부 12가지 테마로 구성되었으며, 다양한 동물의 특징과 습성이 상세하게 묘사되어 있다. 또한 동물과 함께 살아가는 로렌츠의 특이한 행동도 볼 만하다.

각 테마의 개요를 책의 목차와는 별개로 간단히 소개하고자 한다.

① 회색기러기를 실내에서 기르는 방법

② 멋진 아쿠아리움(수조) 만드는 방법

③ 조심해야 하는 난폭한 물방개와 왕잠자리 유충

④ 물고기의 사랑 이야기

⑤ 갈까마귀의 결혼생활

⑥ 동물과 대화하는 방법

⑦ 새끼기러기 성장기

⑧ 반려동물 키우는 좋은 방법

⑨ 독수리 사육 방법

⑩ 개의 충성심

⑪ 동물행동학자의 우스꽝스러운 행동

⑫ 동물들의 싸움

이 책을 최초의 '동물행동학' 책으로 평가하는 이유는 로렌츠가 '각인'을 발견하고 제창한 점이 크다. '각인'이란 갓 태어난 동물이 가장 먼저 본 것을 부모로 인식하고 그대로 오랜 시간 학습을 지속하는 현상이며, 방금 태어난 새끼기러기가 로렌츠를 어미 새로 착각한 것에서 밝혀진 이론이다.

이 책이 출판되기 전에 파브르의 『곤충기』(83쪽 참조)나 시턴의 『동물기』가 이미 있었다. 그러나 그 책들은 저자의 시점에서 동물의 행동을 기록하기만 한 것이다. 로렌츠는 동물의 시점에서 그들의 행동을 연구한 최초의 인물이라고 할 수 있다.

'동물행동학'뿐만 아니라 동물의 행동을 기록한 책은 모두 재미있다. 모든 책에서 저자의 동물 사랑이 느껴지기 때문이다. 책읽기를 통해 동물이 더욱더 친근하게 느껴질 것이다.

POINT

1. 1949년에 출간된 최초의 동물행동학 책이다.
2. 저자는 '각인'에 대한 연구로 노벨생리의학상을 받았다.
3. 연구 대상을 향한 '사랑'이 성과로 이어진다.

14 『침묵의 봄』 *Silent Spring* 1962

레이첼 카슨

분량 ●●○ 난이도 ●●○

『침묵의 봄』, 아오키 료이치 옮김, 신쵸문고.
『침묵의 봄』, 김은령 옮김, 에코리브르.

다양한 환경 문제를 안고 사는 현대인은 어떻게 사회를 바꿔 나가야 할까? 자연 보호와 화학 물질로 인한 공해에 반향을 불러일으킨 세계적 베스트셀러.

1960년대에 환경 문제를 고발한 미국의 생물학자. 미국 내무부 어류야생생물국에서 수산 생물학자로서 자연과학을 연구했다. 저서 『침묵의 봄』은 사람들의 시선을 환경 문제 자체로 향하게 했고 환경 보호 운동의 발단이 되었다.

살충제가 자연을 죽인다

일본의 저널리스트 이케가미 아키라가 『세상을 바꾼 10권의 책』에서도 소개한 레이첼 카슨(Rachel Carson, 1907~1964)의 『침묵의 봄』에는 화학 약품의 무서움이 잘 묘사되어 있다.

인간이 살기 좋은 세상을 만들기 위해서 '구제'라는 명목으로 온갖 화학 약품을 사용하여 불필요하다고 여기는 동물이나 식물을 죽여 나간다. 그리고 인간은 스스로 사용한 화학 약품에 똑같이 당하게 된다. 그런데도 겁을 먹기는커녕 한층 효과가 강력한 화학 약품으로 구제를 계속하면서 갈수록 자기 자신에게 해를 입힌다.

책의 전반부에서는 살충제가 미치는 영향과 DDT(디클로로디페닐트리클로로에탄), BHC(벤젠헥사클로라이드), 파라티온[10] 등 실제 화학 약품을 언급하며 그 효과에 관해 설명한다. 여기서부터 독자는 화학 약품의 무서움을 알게 된다.

다음으로 수질오염, 토양오염과 관련한 구체적인 예를 몇 가지나 들어 보인다. 캘리포니아의 클리어 레이크에서는 낚시꾼과 별장 주인들이 모기처럼 생겼지만 피는 빨지 않는 각다귀로 인해 괴로움을 겪고 있었다. 이 각다귀를 퇴치하려고 DDD(DDT와 매우 비슷한 약품으로 물고기에게 영향을 주지 않는다고 알려졌다)라는 살충제를 사용했다.

처음에는 효과가 있었으나 서부논병아리라는 물새가 죽기 시작했다. 그런데도 여전히 각다귀를 박멸하지 못해서 계속 DDD를 사용했다. 그리고 세 번째 사용 뒤에 논병아리가 대량으로 죽고 말았다.

사인을 찾아보니 논병아리 체내에서 고농도의 DDD가 검출되었다. 살충제로 사용할 때 상당히 연하게 희석했지만, 플랑크톤→초식류→작은 육식류→큰 육식류→논병아리로 먹이사슬이 이어지는 과정에서 DDD가 농축된 것이다. 낚시꾼을 위한 살충제 사용이 자연을 죽인 셈이다.

토양에서도 같은 현상이 일어난다. 한 번이라도 살충제를 사용하면 그 무서운 찌꺼기가 영원히 토양에 남아서 점점 골칫거리가 될 것은 분명하다.

10 독성 및 잔류성 때문에 세 가지 모두 현재는 사용이 금지되어 있다.

먹이 사슬과 농축되어 가는 DDD 농도

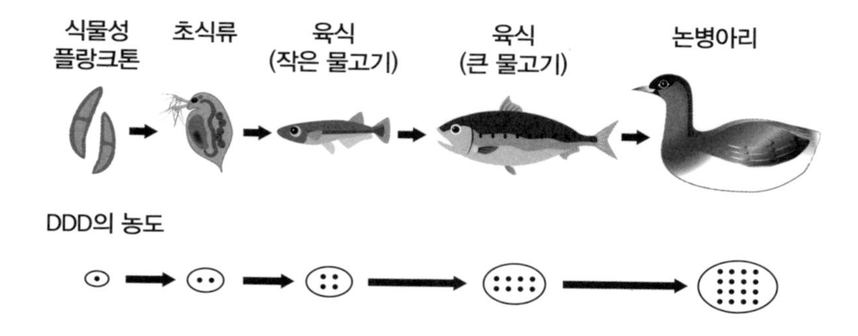

인간의 안이한 생각이 불러일으킨 어리석은 결과

화학 약품을 사용하지 않고 잘 처리한 사례도 소개한다. 캘리포니아에서 클래머스라고 부르는 잡초 방제에 식물을 먹는 곤충을 이용했다. 1944년에 처음으로 풀어준 곤충은 4년 동안 완전히 정착하여 클래머스를 먹어치웠고, 1959년에는 겨우 1퍼센트 정도로까지 감소했다.

호주에서도 해외에서 들여간 선인장이 야생에 살아남아 번식한 일이 있었다. 1920년에 곤충학자가 선인장의 천적인 아르헨티나 나방의 알을 가지고 돌아가 풀어 놓았더니 그로부터 7년 후 선인장이 완전히 사라졌다. 화학 약품을 사용하던 시절에는 매년 돈이 들었지만 곤충을 이용하자 아주 적은 비용으로 충분했다.

이러한 사례를 통해 올바른 대처법에 대해 알 수 있음에도 '우리만 괜찮으면 되지'라는 안이한 생각 때문에 결국 자멸의 길에 이르러서야 어리석음을 깨닫게 된다.

속효성과 지효성은 현대사회에서도 중요한 주제다. 현대사회에서는 즉각적인 결과가 요구되기 때문에 해충 박멸에도 즉효성을 요구하고, 결과적으로 스스로 목을 조르게 된다.

저자 레이첼 카슨은 미국 잡지 『타임』(1999)에서 선정한 '20세기 위대한 지성 100인' 가운데 과학자와 사상가 부문 20인에 선정된 유일한 여성이었다. 다다 미쓰루의 『레이첼 카슨은 이렇게 생각했다』를 읽으면 자연을 향한 카슨의 경외심과 자연 파괴에 대한 분노를 깊이 이해할 수 있다. 다다 미쓰루는 카슨에게는 여섯 가지 감각이 있다고 말한다.

① 자연 및 생명의 신비와 불가사의에 크게 눈을 뜨는 감성(Sense of Wonder)

② 생명에 대한 경외심(Sense of Reverence)

③ 자연과의 관계에서 신념을 가지고 살아가는 힘(Sense of Empowerment)

④ 과학적 통찰(Sense of Science)

⑤ 환경 파괴에 대한 위기의식(Sense of Urgency)

⑥ 자주적 판단(Sense of Decision)

우리가 이 여섯 가지 감각을 모두 갖추기란 쉽지 않겠지만 자연을 외면하고 살아가서는 안 된다는 것만은 분명하다.

POINT

1. 1962년에 출판된 이 책은 미국의 환경 파괴를 향한 경고문이다.
2. 인간에게 편리한 결과를 바라면 자연에 대갚음 당한다.
3. 이 책이 전하는 경고는 현대 환경 문제에 힌트를 준다.

⑮ 『메뚜기를 잡으러 아프리카로』 2017

마에노 울드 고타로

분량 ●●○ 난이도 ●○○

『메뚜기를 잡으러 아프리카로』, 고분샤신서.
『메뚜기를 잡으러 아프리카로』, 김소연 옮김, 해나무.

메뚜기 재해를 박멸하기 위해서 말도 안 통하는 아프리카로 떠난 '메뚜기 박사'의 과학모험 실화다. 연구자의 열정과 광기를 체감할 수 있다.

1980년에 태어난 일본의 젊은 곤충학자. 일본 국립농림수산업연구센터 연구원으로 아프리카에서 대발생하여 농작물을 먹어치우는 사막 메뚜기 방제 기술 개발에 종사한다. 『메뚜기를 잡으러 아프리카로』 이 책으로 마이니치 출판문화상 특별상, 신서 대상을 받았다.

꿈을 위해 아프리카로

'메뚜기에게 잡아먹히고 싶다' 저자 마에노가 어렸을 때부터 품어왔던 꿈이다. 아키타현에서 태어나 유년 시절부터 파브르를 동경하며 곤충 연구를 갈망했고, 농학부가 있는 히로사키대학교에 진학하여 메뚜기 연구를 시작했다. 연구자가 되기 위해 고베대학교에서 학위를 취득하자마자 무자비한 싸움이 시작되었다.

연구자에게 무엇보다 중요한 것은 논문이다. '출판할 것인가, 소멸할 것인가'(publish–or–perish)라는 무시무시한 격언이 있을 정도다. 일자리를 얻으려면 반드시 논문을 써야 한다.

마에노는 연구 소재로 '메뚜기'를 선택했다. 아프리카에서는 메뚜기가 대발생하여 농작물을 망치고 자주 심각한 기근을 일으켰다. 한편 당시 저자는 주로 연구실에만 있었기 때문에 야생의 메뚜기 무리를 본 적조차 없었다.

'진짜 연구자가 되지 못하면 어쩌지'라는 고민이 생겼다. 일본에서 안정을 택할 것인가, 아프리카에서 실물을 연구할 것인가! 사실 사막메뚜기는 야외 관찰이 거의 이루어지지 않아서 손을 놓다시피 한 상태였기 때문에 논문 소재는 아주 많았다. 저자는 꿈을 위해 아프리카행을 선택하고 2년 동안 연구 지원을 받아 모리타니로 향했다.

2011년 4월 아프리카 북서부에 있는 모리타니에 도착하여 모리타니 국립사막메뚜기연구소에서 연구를 시작했다. 야외 조사를 위해 운전기사, 통역, 요리사도 고용했으니 가기만 하면 된다, 아프리카의 대지로!

일이 잘 풀리려는지 메뚜기가 발생 중인 지역을 알게 되어 조사를 시작했다. '왜 메뚜기는 가시가 있는 식물 속으로 숨을까'라는 의문점을 바탕으로 논문 주제를 정하고 연구를 설계했다. 현지에서 연구에 몰두하던 저자는 이런 생각을 했다. '이 행복한 시간을 나만의 추억으로 간직한다면 사람들이 질투할지도 몰라. 조금이라도 행복을 나누어야 한다. 그래, 논문으로 갚자.'

연구를 통해 얻은 희열을 많은 사람에게 알려주고 싶다는 마음에서 우러나온 생각이었다. 이 책을 읽으면 과학 연구가 진행되는 방식을 잘 알 수 있다. 그는 실험실에서도 할 수 있는 연구가 아니라 오로지

현장에서만 가능한 지리적 이점을 살린 연구를 하기 위해 온 신경을 집중했다. 이튿날도 메뚜기 떼와 만날 수 있었고 조사도 진척되었다. 그러나 행운은 여기까지였다.

아프리카까지 갔는데 메뚜기가 없다니

사막 메뚜기를 연구하고 싶었는데 가뭄 때문에 메뚜기가 나타나지 않는 사태가 발생한 것이다. 그래서 아이들에게 메뚜기를 사기로 했다. 용돈벌이라도 되기를 바라면서 기분 좋게 시작했지만, 아이들이 계속 밀려들면서 메뚜기를 강탈하거나 주먹다짐을 하는 지경에 이르렀다. 결국 책임자를 정해서 많은 보수를 주고 빠져나올 수밖에 없었다. 집에 와서 보니 110마리인 줄 알았던 메뚜기는 53마리밖에 없었고 그나마도 다 죽어가고 있었다. 이 기획은 대실패로 끝났다. 두 번째 매입 캠페인도 실패하고, 메뚜기를 넣으려고 만든 케이지의 금속망이 염분 때문에 못쓰게 되는 등 혹독한 나날을 보냈다.

제대로 된 메뚜기 연구는 시작도 못한 채 겨울을 맞았다. 모리타니에 있어도 연구가 진행되지 않으니, 프랑스 남부의 몽펠리에에 있는 연구소에서 메뚜기를 연구하면서 모리타니에 메뚜기가 나타나기를 기다렸다. 몽펠리에에 머무는 동안 동경하는 파브르의 생가를 찾아가는 등 알찬 시간을 보냈다.

모리타니에서는 9월에 메뚜기가 본격적으로 발생하는데, 8월에 내리는 비에 따라서 메뚜기 발생 여부가 결정된다. 마침내 기다리던 메뚜기 시즌이 찾아왔고, 그는 활발하게 야외 활동을 계속했다.

크리스마스를 앞두고 '겨울철 메뚜기 성충이 어떻게 지내는가를 규명'한다는 주제를 확정했고, 매일매일 관찰하여 활동 패턴을 알아냈다. 크리스마스에 격려차 현지를 방문한 소장에게 칭찬을 듣고는 최고의 크리스마스 선물이라고 감격했다.

겨울 어느 날, 북부 국경 부근의 항구 도시에서 메뚜기 떼가 목격되었다는 소식이 메뚜기 연구소에 전해졌다. 마에노는 당장 그곳으로 향했다. 그리고 드디어 메뚜기 대군과 마주쳤다.

낮뿐만 아니라 밤에도 관찰을 시도했다. 그러나 메뚜기를 자극하지 않으려고 너무 먼 거리에 자리 잡은 탓에 관찰을 할 수 없었다. 날이 밝고 다시 낮의 대군을 관찰했다. 메뚜기 무리가 점점 날기 시작했다. 그리고 마에노는 그 뒤를 쫓았다. 하지만 메뚜기 대군이 지뢰 지대로 들어가 버리는 바람에 더 이상 추적하지 못했다. 그럼에도 불구하고 마에노는 그 무리에게서 큰 연구 성과를 얻었다.

아프리카로 간 지 2년이 흘러 결국 연구비가 떨어졌다. 연구를 계속하려면 돈이 필요하다. 그래서 저자는 책을 쓰거나 여러 가지 이벤트에 참가하며 자금을 모았다. 또한 젊은 연구자 육성을 목적으로 한 교토대학교의 '백미(白眉)프로젝트'에 채용되어 5년 임기로 연간 1500만~3800만 원이나 되는 연구비를 지원받는 등 안정도 얻게 되었다. 틀림없이 앞으로도 최선을 다해 메뚜기를 연구할 것이다.

이 책에는 아프리카에서 체험한 생활 속 에피소드도 많이 등장한다. 현지 사람들과 염소를 먹는 이야기나 결혼 관습, 미녀의 정의, 세계에서 가장 긴 열차와 지뢰, 그리고 메뚜기를 너무 많이 만져서 메뚜기 알레르기가 생긴 것까지. 저자가 경험한 리얼 아프리카 역시 이 책의 매력 가운데 하나다.

POINT

1. 메뚜기 알레르기가 있는 메뚜기 연구자가 아프리카에 간 이야기이다.
2. 저자의 행동력을 통해서 '연구란 무엇인가'를 대리 체험할 수 있다.
3. 연구에 진심으로 몰두하는 열정이 성과를 낳는다는 것을 배울 수 있다.

16 『곤충기』 *Souvenirs entomologiques* 1878

장 앙리 파브르

분량 ●●● 난이도 ●●○

『완역 파브르 곤충기(제1~10권)』, 오쿠모토 다이사부로 옮김, 슈에이샤.
『파브르 곤충기 1~10』, 김진일 옮김, 현암사.

곤충의 습성과 그 연구에 대해 기록한 곤충 자연과학의 고전. 문학적인 말투와 의인화된 표현이 좋은 평가를 받아 세계 여러 나라에서 베스트셀러가 되었다.

프랑스 남부 태생의 박물학자. 곤충 행동 연구의 선구자로서 연구 성과를 정리한 『곤충기』로 명성을 얻었다. 자연을 관찰하는 방법과 태도는 훗날 생물학에 많은 영향을 주었다. 교과서 작가, 교사, 시인으로서도 활약했다.

87세가 되어서야 세상에 알려지다

파브르(Jean Henri Fabre, 1823~1915)를 처음 만난 것은 초등학생 때 읽은 『파브르–곤충 탐험가』 만화였다. 곤충을 그다지 좋아하지 않았지만(지금도 벌레는 질색이다. 그래서 대학에서도 화학을 전공했다), 도서관에서 발견한 이 만화에 푹 빠졌다. 부모님을 졸라 사서 매일매일 읽었다.

사실 이번 원고를 쓰기 전까지 이 만화의 존재를 잊고 있다가, 파브르라는 말을 듣자마자 생각난 것을 보고 나의 과학적 지식의 밑바탕에는 이 책이 있다는 사실을 새삼 깨닫게 되었다.

그렇다면 벌레를 싫어하는 내가 어떻게 파브르에게 매료된 것일까? 단도직입으로 말하면 만화에서 읽은 파브르의 삶에 대한 태도에 매료된 것이다.

파브르는 아버지의 일이 잘 풀리지 않은 탓에 어릴 적부터 가난하게 살았다(사실 가난은 노년까지 이어졌다). 15세에 사범학교의 장학생이 된 파브르는 18세에 교사가 된다. 이 무렵부터 곤충을 향한 관심이 커졌지만, 우선은 학생을 가르치면서 상급 학교에서 일하기 위해 물리학과 수학을 독학으로 공부하여 학사 학위를 취득했다. 25세에 부임한 코르시카 섬에서 식물학자 에스프리 르키앙과 박물학자 알프레드 모켕 탕동을 만나게 되고, 이 만남이 파브르를 박물학자의 길로 이끈다.

29세 때 곤충학자 뒤프르가 쓴 말벌에 관한 논문을 읽고 인생이 바뀌게 된다. 논문에는 말벌의 먹이와 집 등의 생태가 기록되어 있었다. 벌레의 표본을 만들고 형태를 분류하고 신종을 발견하는 것이 곤충학인 줄 알았던 파브르의 생각과는 매우 달랐다. 아직 알려지지 않은 곤충의 놀라운 능력이나 생태의 비밀이 많이 있다는 사실을 깨닫는다.

32세에 발표한 논문으로 상을 받고 훈장까지 받았다. 하지만 이후로도 금전적으로는 풍족해지지 않았다. 식물 꼭두서니에서 색소를 추출하는 방법을 개발하여 특허를 취득했으나 독일에서 인공적인 합성법이 개발되어 돈을 벌지는 못했다. 게다가 식물의 수정과 관련해 강연했던 내용이 파브르를 시기하는 사람들로부터 비난의 대상이 되어 교육계를 떠나는 등 직업적으로도 불운했다. 이후 파브르는 박물학 지식을 살려서 교과서나 과학 계몽서 등을 9년 동안 61권이나 집필하여 인세로 먹고살았다.

그러던 중에 56세 때 '아르마스'(황무지)라고 이름 붙인 자신의 집을 장만하고, 『곤충기』 제1권을 출판했다. 84세까지 3년에 한 권씩 제10권까지 출판했지만 전혀 팔리지 않았다.

아르마스를 방문한 뒤에 파브르의 제자가 된 르그로가 파브르의 곤궁한 모습을 보고, 수학자 푸앵카레 등과 함께 『곤충기』 출판 기념회를 열면서 이 책의 존재가 알려지게 되었다. 파브르가 87세 때의 일이었다. 마침내 파브르의 이름이 전 세계에 알려지면서 세상에 나오게 된 것이다. 그리고 91세에 파브르는 그 생애를 마감했다.

철저한 실증주의가 낳은 『곤충기』

이 책의 원제는 '곤충학적 회상록'이다. 쇠똥구리나 개미, 벌 등의 다양한 곤충 이야기 외에도 소년 시절이나 수학에 얽힌 추억, 교사 시절의 실수, 꼭두서니로 염료를 생산하는 이야기까지 자전적인 내용도 많이 담겨 있어서 모든 일에 성실하게 임했던 파브르의 모습을 확인할 수 있다.

또한 이 책은 학술 논문이 아니라, 벌레에 문외한인 사람도 흥미롭게 읽을 수 있도록 쓰였다. 마치 파브르가 독자에게 부드럽게 말을 거는 듯한 문장에 이끌려 페이지가 자꾸 넘어간다.

이 책의 매력은 곤충이 가지고 있는 지혜와 경이로운 생태가 파브르의 끈질긴 관찰을 바탕으로 사실적이면서 주의 깊게 설명되어 있다는 것이다. 총 10권이라는 방대한 분량도 50년 이상 끈기 있게 관찰한 결과여서 파브르의 열정에 놀랄 따름이다.

파브르는 곤충의 생태를 조사하기 위해서 관찰은 물론이고 실험도 했다. 예를 들면, 메이슨벌은 돌 위에 집을 짓는다. 이 집을 돌째 2미터 정도 옮기니 벌은 집이 없는 장소로 되돌아왔다. 이번에는 돌을 움직이지 않고 집을 다른 것으로 바꾸었다. 하지만 벌은 여전히 집짓기를 이어갔다. 즉 벌은 자기 집과 다른 벌집을 구별하지 못하는 것이다.

파브르는 실험을 계속했다. 제작 중인 집을 완성된 것으로 바꾸었는데도 그대로 계속 집을 지었다. 반대로 완성된 벌집으로 식량을 운반하려는 벌에게 미완성 벌집을 주었더니 둥지는 만들지 않고 계속 식량만 모았다. 이 실험을 통해서 본능적으로 이루어지는 행동은 도중에 변화가 생겨도 바뀌지 않는다는 사실을 알게 되었다. 파브르는 벌레에게 논리적인 사고력은 없다고 결론지었다. 이렇듯 파브르는 평생에 걸쳐 실증주의를 관철했다.

다윈의 '진화론'을 부정하다

파브르의 번뜩이는 영감과 예리한 관찰력은 다윈에게도 인정받아 『종의 기원』에서 '유례없는 관찰자'로 언급되었다.

두 사람 모두 서로를 높이 평가하고 친분이 깊었으나 파브르는 진화론을 믿지 못했다. 자기 눈으로 본 것만 믿었기 때문이었다. 당시 최신 이론이었던 진화론을 부정한 것도 파브르가 학계에서 인정받지 못한 원인 가운데 하나였다.

누구나 알고 있는 『곤충기』지만 곤충을 싫어하는 사람은 읽지 않을지도 모르겠다. 그러나 이 책은 벌레 도감이 아니라 곤충과 파브르가 삶을 사는 방식을 그린 책이므로 누구나 쉽고 흥미롭게 읽을 수 있다.

POINT

1. 곤충의 생태를 담은 책으로 총 10권으로 이루어져 있다.
2. 파브르의 자전적인 내용도 이 책의 재미 요소다.
3. 전문서가 아닌, 일반인 대상으로 쓰여 있어 읽기 쉽다.

17 『0의 발견』 1939

요시다 요이치

분량 ●○○ 난이도 ●●○

『0의 발견』, 이와나미신서.
『0의 발견』, 정구영 옮김, 사이언스북스.

인류 문화사에 거대한 발자취를 남긴 인도의 '0'의 발견. 수학과 계산법의 발달 흔적을 더듬어 가며 매력적인 수의 세계로 인도한다.

1898년 태어난 일본의 수학자. 도쿄제국대학교 이학부 수학과를 졸업하고 도쿄제국대학교 조교수, 프랑스 유학을 거쳐서 홋카이도제국대학교와 릿쿄대학교 교수를 지냈다. 일본의 수학 및 수학교육에 엄청난 족적을 남긴 인물이다. 수필가, 배우로서도 이름을 날렸다. 1989년 사망했다.

인도에서 기원한 아라비아숫자

숫자 0은 우리 주변에 당연하게 존재하고 사용되고 있다. 그러나 오랫동안 0이 존재하지 않던 시대도 있었다. 애초에 우리는 수를 어떻게 표기했을까?

아라비아숫자(산용 숫자) '1234'를 한글로 쓰면 '천이백삼십사'가 된다. 이 두 가지를 비교하면 아라비아숫자는 네 글자이고 한글 숫자로는 여섯 글자가 필요하다. 이렇게 수를 나타내는 표기법(기수법)은 나라나 시대, 언어에 따라 다르다.

숫자 '27529' 기수법

이집트

2 7 5 2 9

로마

((I))((I)) I)) (I)(I)D X X V IIII

2 7 5 2 9

그리스

α	β	γ	δ	ε	ς	ζ	η	θ	ι	κ	λ	μ	ν	ξ	ο	π	ϙ	ρ
1	2	3	4	5	6	7	8	9	10	20	30	40	50	60	70	80	90	100

σ	τ	υ	φ	χ	ψ	ω	ϡ	͵α	͵β	͵γ	M	$\overset{\beta}{M}$	$\overset{\gamma}{M}$
200	300	400	500	600	700	800	900	1,000	2,000	3,000	10,000	20,000	30,000

$\overset{\beta}{M}$͵ζφκθ

27,529

➡ 0이 없는 시대는 큰 수를 나타낼수록 애를 먹었다.

고대 이집트, 고대 로마, 고대 그리스에서도 각각 다른 방법을 사용했다. 이들 나라의 기수법은 0이 필요하지 않았다. 그리고 위의 그림처럼 큰 수를 나타낼수록 애를 먹었다.

그러면 아라비아숫자는 언제 어디에서 생겨났을까? 아라비아숫자는 인도에서 기원했다고 알려져 있다. 인도에서 아랍인의 손을 거쳐 유럽으로 퍼졌기 때문에 '아라비아숫자'라고도 불리는 것이다. 773년경에 바그다드의 궁전을 방문한 인도의 천문학자가 인도에서 제작된 천문표를 왕에게 바쳤고, 이것을 계기로 인도의 기수법이 아랍인들에게 퍼져나갔다고 한다.

인도의 기수법은 글자가 쓰인 자리에 따라서 천, 백이라는 자릿값(수치의 자리를 정한 것)을 나타내기 때문에 '위치 기수법'이라고 할 수 있다. 그런데 이것을 사용하려면 0이 필요했다. 사실 0이야말로 인도 기수법의 핵심인 셈이다.

인도에서 0이 발견된 정확한 시기나 관련된 인물은 알려지지 않았다. 다만 학자 대부분은 6세기경에 이미 위치 기수법이 사용되었던 것으로 추측한다. 7세기 인도의 수학자 브라마굽타의 책에 0의 성질에 관한 기록이 있기 때문이다.

인도의 기수법 없이 오늘날의 과학 문명은 성립될 수 없었다고 해도 과언이 아니다. 여기에는 세 가지 장점이 있다.

① 단 10개의 숫자만으로 모든 자연수를 표기할 수 있다.

② 두 수의 대소를 한눈에 파악할 수 있다.

③ 위치 기수법이므로 종이에 써서 계산하는 필산을 할 수 있다.

고대 그리스에서 대수학(문자를 이용해서 방정식의 해법을 연구하는 학문)이 보급되지 않은 원인 가운데 하나로 알파벳식 기수법의 채용을 꼽는다. 고대 이집트의 수학자 유클리드가 편찬한 『유클리드 원론』(201쪽 참조)에도 간단한 계산밖에 나오지 않는다.

필산 보급에 필수적이었던 것은?

인도의 기수법은 11세기 말~13세기 말에 벌어진 십자군 원정 때 유럽으로 퍼져나갔다.

로마 숫자로 계산할 때는 주판을 사용했다. 기수법이 주판과 같았기 때문이다. 주판이라고 하면 빠르게 계산이 가능한 도구라고 생각하겠지만, 당시의 주판은 금속판에 버튼을 꽂아 움직였기 때문에 시간과 노동이 필요했다. 그래서 위치 기수법이 보급되어 필산을 할 수 있게 되자 주판은 더 이상 사용되지 않았다.

15세기에는 구텐베르크에 의한 활판 인쇄가 보급되면서 달력 등에 인쇄된 인도식 기수법이 확대되어 갔다.

필산과 인쇄의 보급에 빼놓을 수 없는 것이 있다. 그것은 바로 종이다. 종이는 서기 100년경 중국에서 발명되었다. 그 후 8세기경에 아라비아에 전해지고 더 나아가 유럽으로 전해졌다. 저자는 종이의 공급과 필산의 보급에는 상관관계가 있다고 주장한다.

이 책에서 0뿐만 아니라 소수(小數)와 대수(代數)에 관한 이야기까지 함께 읽다 보면 숫자의 매력에 흠뻑 빠지게 된다. 또 다른 주제인 '직선을 긋다' 역시 고대 그리스의 계산술에 관한 이야기로 수학 발전의 역사를 알기 쉽게 해설하고 있다.

문자량은 적고 친근한 문장과 주제여서 단숨에 읽을 수 있다. 이 책이 100쇄가 넘게 꾸준히 팔리는 이유를 알 것 같다.

POINT

1. 초판은 1939년 발행되었다. 두 차례 개정되었고 1979년 개정판이 최신판이다.
2. 계산법 발달의 역사를 알 수 있다.

18 『누가 원자를 보았는가』 1976

에자와 히로시

분량 ●●○ 난이도 ●●○

『누가 원자를 보았는가』, 이와나미현대문고.
국내 미출간.

원자의 존재 여부를 둘러싼 오랜 논쟁의 역사에 대해서 각 시대의 과학자가 탐구한 내용을 저자가 직접 실험하여 재현한다. '물리적으로 사고한다'라는 말의 의미를 알 수 있는 책이다.

일본 태생의 물리학자. 도쿄대학교 대학원 수리물리계 연구과 물리학과정을 수료했다. 도쿄대학교 이학부 조수, 함부르크대학교 이론물리학 연구소 연구원 등을 거쳐 가쿠슈인대학교 명예교수를 지냈다. 『누가 원자를 보았는가』로 산케이아동출판문화상을 받았다.

'공식 외우기'보다 중요한 일

『누가 원자를 보았는가』는 해외의 물리학 서적을 다수 번역한 물리학자 에자와 히로시(1932~)가 청소년들을 위해 쓴 책이다. 저자는 머리말에서 과학과 친해지는 방법과 관련하여 이런 견해를 밝혔다. "과학을 단번에 이해하지 못하는 데에는 과학의 구조에서 비롯된 부분이 있다."

그렇다. 과학은 쉽게 이해할 수 있는 것이 아니다! 인정할 것은 인정하고, '그것을 해결해주는 것은 시간'이라고 덧붙인다. 수식이 나오면 종이와 연필을 꺼내어 계산하면서 천천히 읽어달라고 당부한다.

이 책에서는 성급한 결론을 내리지 않는다. '브라운 운동', '대기압의 발견', '기체의 법칙', '기체 분자의 반응', '기체 분자의 속도'라는 5가지 주제에 대해서 당시 연구자가 어떤 의문을 품었는지 알려주고 그들이 했던 실험에 관해서 설명한다. 특기할 만한 내용은 그 실험을 중학생과 함께 재현했다는 점이다. 실험하는 모습을 찍은 사진도 실려 있어서 독자도 실험에 참여한 듯한 기분을 느낄 수 있다.

실험을 설명할 때는 먼저 가설을 세운 다음 다양한 조건에서 실험하고 그 데이터를 보여준다. 그러고는 독자에게 생각해보라고 한다. 이것이 바로 과학 교육의 출발점이라고 할 수 있다.

그리고 결론이 없다. 실험 결과가 무엇을 나타내는지 독자 스스로 생각하게 하는 것이다. 나는 이 책에 나오는 현상의 법칙을 알고 있어서 금방 이해했지만, 모르는 사람은 '그래서 결론이 뭔데'라고 생각할지도 모르겠다. 그만큼 결론이 두루뭉술하다.

현재의 이과 교육처럼 공식을 외우게 하는 것보다 사실로부터 무언가를 발견해 내려는 자세가 중요하다는 저자의 메시지처럼 느껴진다. 더 알고 싶으면 더 공부하라는 뜻인 셈이다. 사실 나도 이 책을 읽으면서 몇 번이나 앞뒤로 왔다 갔다 했다. 역시 진짜 과학은 답이 쉽게 나오지 않는 법이다.

저자는 또한 "과학의 역사에는 실패한 추론의 사체가 겹겹이 쌓여 있다. 이 책은 그 역사를 더듬어 간다"고 말한다. 이 책에는 과학 역사와 관련된 많은 과학자가 등장한다. 먼 옛날 고대 그리스의 아리스토텔레스부터 현대의 아인슈타인까지 폭넓은 시대를 아우른다. 파스칼

(압력의 국제단위, pa)이나 마하(속도의 단위, M), 줄(일 · 에너지의 단위, J) 등 이름이 단위가 된 과학자도 나온다.

또한 과학 역사상 엄청난 공적을 쌓았으나 많이 알려지지 않은 인물(브라운이나 보일, 라플라스, 게이뤼삭, 맥스웰 등)이 많이 거론되고 그들의 과학적 성과에 초점을 맞췄다는 점도 의의가 있다.

과학이라면 질색하는 사람이야말로 이 책을 읽었으면 좋겠다. 저자도 읽기 힘들면 아무 데나 펼쳐 읽어도 상관없다고 말했다. 실험 사진을 구경하는 것부터 시작해도 좋다. 흥미가 느껴지는 내용을 먼저 살펴보면 그 실험의 이유나 목적이 궁금해질 것이다. 이렇게 서서히 읽어가다 보면 관심과 이해의 폭이 더 깊어지게 될 것이다.

POINT

1. 다섯 가지 과학 현상을 역사에 근거하여 설명한다.
2. 중학생과 함께 실험한 내용을 중심으로 구성하여서 이해하기 쉽다.
3. 추론의 옳고 그름을 스스로 판단하는 '사고 훈련'에 최적이다.

19 『이상한 나라의 톰킨스 씨』 *Mr. Tompkins in Wonderland* 1940

조지 가모브

분량 ●●○ 난이도 ●●○

『이상한 나라의 톰킨스 씨(복각판)』, 후시미 고지 옮김, 하쿠요샤.
『미지의 세계로의 여행』, 정문규 옮김, 전파과학사.[11]

간행 이후 세계 여러 나라에서 널리 사랑받아 온 책. 평범한 은행원이 펼치는 모험을 통해서 '상대성이론' 등 난해한 과학 지식을 알기 쉽게 해설한다.

러시아 태생의 미국인 물리학자. 레닌그라드대학교 졸업 후 케임브리지대학교 등을 거쳐서 미국의 콜로라도대학교에서 교수를 지냈다. 빅뱅우주론을 제창했다. 일반인을 위한 과학 해설서를 다수 출간했으며, 그 공을 인정받아 유네스코 칼링가상을 받았다.

이야기로 배우는 상대성이론

추천하는 과학책을 물으면 많은 과학계 인사들이『이상한 나라의 톰킨스 씨』를 꼽는다. 이 책의 일본어판 역자이자 물리학자인 후시미 고지 역시 가모브 전집을 중학생 교과서로 지정해야 한다고 답했을 정도이다. 이 책은 많은 과학 팬이 사랑하는 가모브의 대표작이다.

물리학자 조지 가모브(George Gamow, 1904~1968)는 1948년에 초기 우주 이론인 '불덩이 우주'라는 아이디어를 발표했다. 이것은 훗날

11 국내에 출간된 책은『이상한 나라의 톰킨스 씨』와『원자 나라의 톰킨스 씨』를 합본한 것이다.

빅뱅이론의 바탕이 된다. 또한 DNA의 유전 정보를 연구하는 등 여러 분야에서 천재성을 발휘했다. 더불어 어렵다고 치부되는 물리학을 일반인에게 알기 쉽게 설명하는 활동에도 힘쓴 인물로서, 이 책을 비롯하여 『원자 나라의 톰킨스 씨』, 『1 2 3 그리고 무한』 등 많은 저서를 남겼다.

이 책에 등장하는 톰킨스 씨는 할리우드 영화를 매우 싫어하는 은행원이다. 쉬는 날 '뭐 재밌는 일 없나?'하고 신문을 뒤적거리다가 지면 한 귀퉁이에서 아인슈타인의 상대성이론에 관한 강연을 발견하고 들으러 간다. 그곳에서 만난 노교수의 이야기를 듣던 톰킨스 씨는 어느새 잠이 들고 꿈을 꾸게 된다. 꿈속(이상한 나라)에서는 상식적으로 말이 안 되지만 과학적으로는 정확한 일들이 펼쳐진다. 그리고 이 신기한 현상이 벌어지는 이유에 대해서 노교수가 쉬운 말로 설명해준다.

1화에서 톰킨스 씨는 자전거에 탄 청년이 믿을 수 없을 만큼 납작해진 세계로 뛰어든다. 청년과 자전거는 앞으로 나아갈 때마다 점점 납작해지면서 멀어져갔다(납작한 청년 그림이 삽입되어 있다). 톰킨스 씨는 이 현상이 조금 전 교수에게 들은 '운동체의 수축'이라는 것을 깨달았다. 자전거를 잘 타는 톰킨스 씨가 온 힘을 다해 청년을 뒤쫓지만 좀처럼 속도가 나지 않았다. 다행히 마을의 경계도 함께 짧아졌기 때문에 겨우 청년을 따라잡을 수 있었다. 청년은 그에게 속도에 따라서 시간의 흐름이 다르다고 알려준다. 이른바 상대성이론의 세계이다. 그리고 몇 가지 사건이 더 일어난 뒤에 누군가 어깨를 흔들어서 잠이 깬다. 이야기는 이렇게 시작된다.

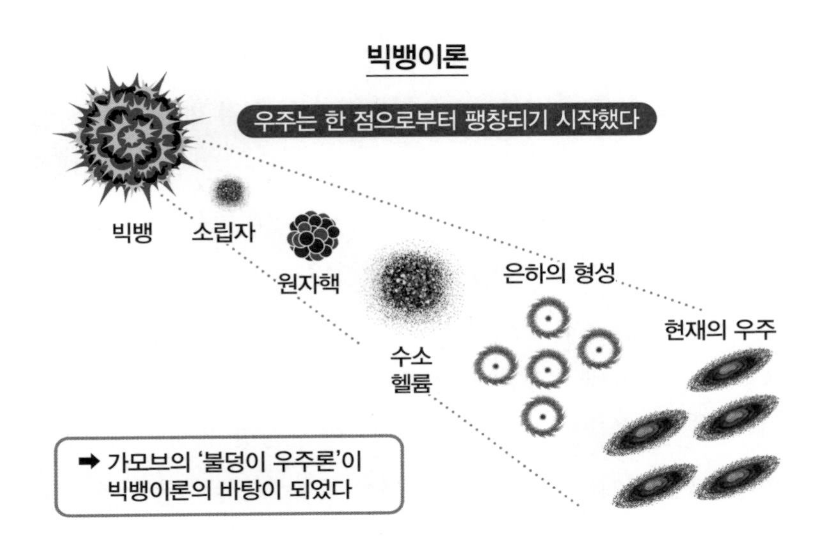

꿈속의 웅장한 우주 오페라

이어지는 2화에서는 톰킨스 씨가 잠들어 버렸던 상대성이론의 강연 내용을 설명한다. 이후 톰킨스 씨가 경험한 일과 상대성이론에 대한 설명이 번갈아 나온다. 재미있는 이야기로 흥미만 끄는 것이 아니라 과학 이론을 제대로 알려주고 싶었던 가모브의 마음이 느껴진다.

톰킨스 씨는 교수와 함께 이상한 나라에서 온갖 경험을 한다. 살인 사건에 휘말리거나 떠다니는 큰 바위 위에서 지내기도 하고, 당구장이나 정글에 가기도 한다. 또한 교수의 딸 모드를 만나서 팽창 우주론과 정상 우주론이 대결하는 내용의 웅장한 우주 오페라를 관람한다. 악보와 가사까지 실려 있고, 팽창 우주론의 가수는 무려 조지 가모브다!

톰킨스 씨가 경험하는 사건에는 상대성이론, 공간의 만곡, 불확정성 원리, 중력과 인력, 영점 진동 및 터널 효과, 회절 현상 등 최신 물리학이 총출동한다. 독특하게 전개되는 이야기와 이론 설명은 시대가 지나도 퇴색되지 않는다.

이 책의 서평을 보면 어렸을 때 한 번 읽은 사람이 많고 '당시에 어려운 과학 세계를 즐겁게 배웠다'라고 하는 글이 대부분이다.

솔직히 말하면 맨 처음 책을 읽었을 때 다소 어렵다고 느꼈다. 하지만 여러 번 거듭해서 읽다 보니 점점 이 이상한 세계로 빠져들게 되었다. 어릴 적에는 같은 책을 몇 번씩 반복해서 읽지만 어른이 되면 한 번 읽고 끝낸다. 어쩌면 가모브는 톰킨스 씨가 그랬듯이 이상한 나라로 계속 뛰어들기를 바라는 마음을 담아서 이 책을 썼는지도 모르겠다.

POINT

1. **천재 물리학자가 일반인을 위해 '상대성이론' 등 어려운 과학이론을 알기 쉽게 설명한다.**
2. **삽화가 있는 이야기책 형식으로 과학을 싫어하는 사람도 재미있게 볼 수 있다.**

20 『수학 귀신』 *Der Zahlenteufel* 1997

H. M. 엔첸스베르거

분량 ●●○ 난이도 ●●○

『수의 악마』, 베르너 그림, 오카자와 시즈야 옮김, 쇼분샤.
『수학 귀신』, 베르너 그림, 고영아 옮김, 비룡소.

수학을 싫어하는 소년 로베르트 앞에 나타난 수학 귀신이 꿈속에서 수학의 매력을 가르쳐준다. 수학 알레르기가 있는 사람에게 추천하는 열두 밤 이야기.

독일 태생의 작가이자 시인, 비평가, 번역가. 브레히트 이후 중요한 사회파 시인으로 인정받았으며, 현대사회를 향한 문명 비판도 다수 저술했다. 계간지 『쿠르스부흐』를 창간하고 편집자로 일했다. 시집 『늑대들의 변호』, 평론집 『의식 산업론』 등을 썼다.

가장 세련된 숫자 '0'

수학이라는 말만 들어도 '난 못해!' 하고 곧바로 알레르기 반응을 나타내는 사람이 많을 것이다. 한편으로는 이과 사람들이 왜 그렇게 수학을 재미있어 하는지 내심 궁금해 하기도 한다(그래서 이 책도 읽어주시는 게 아닐까).

수학의 매력이 궁금하다면 엔첸스베르거(Hans Magnus Enzensberger, 1929~)의 『수학 귀신』을 읽어볼 것을 추천한다.

등장인물은 소년 로베르트와 새빨간 노인 '수학 귀신'이다. 어느 날 로베르트의 꿈에 수학 귀신이 나타나서 밤마다 수에 얽힌 이야기를 들려준다.

하루는 '0'에 관한 이야기로 시작된다. 고대 로마에는 0이 없었기 때문에(0의 발견은 6세기경 인도) 로베르트가 태어난 해인 '1986'을 쓰려면 'MCMLXXXVI'로 써야 했다. 수가 커질수록 점점 어려워진다.

그래서 생겨난 것이 0이다. 수학 귀신의 말에 따르면 0은 인간이 마지막으로 생각해낸 숫자이자 모든 숫자 가운데 가장 세련된 숫자이다. 0이 없으면 이렇게 1986이라고 숫자를 옆으로 나란히 늘어놓고 수의 크기를 나타내는 일은 불가능하다.

그럼 1986은 어떤 의미일까? 이것은 '6×1+8×10+9×100+1×1000'이라는 수식으로 나타낼 수 있다. 여기서 이 책 특유의 표현이 등장한다. 예를 들어 '10의 2제곱은 100'이라고 했을 때 2제곱이란 10을 두 번 곱했다는 뜻이다. 이렇게 같은 수를 여러 번 곱하는 것을 거듭제곱이라고 한다. 이 책에서는 2제곱을 '두 번 깡충 뛰기'라고 표현했다. 이 말은 저자가 쉽게 설명하려고 사용한 '로베르트와 수학 귀신만의 꿈의 언어'로, 누구나 이해할 수 있는 말은 아니라고 저자 후기에서 양해를 구했다.

이밖에도 '쾅'은 순차 곱셈, '뿌리 뽑기'는 '제곱근풀이'라는 뜻이다. 이게 다 무슨 소리인가 싶은 사람은 꼭 이 책을 읽어보시라. 재미있는 수의 단면을 느껴볼 수 있을 것이다.

소수와 골드바흐의 추측

'소수(素數)의 비밀'에 대한 이야기도 나온다. 소수란 1과 자신 이외의 수로는 나눌 수 없는 수이다. 이 소수에는 엄청난 비밀이 있다. 4보다 큰 짝수는 반드시 두 소수를 더한 수가 된다(골드바흐의 추측). 하지만 왜 그런지는 아직 아무도 증명하지 못했다.

'골드바흐의 추측'은 대체로 참이라고 여겨지고 있다. 그러나 수학에서 참임을 증명하기 위해 큰 수까지 참이라는 것을 증명해봤자 아무런 의미가 없다. 수학의 세계에서는 임의의 수로써 참임을 증명해야만 하기 때문이다. 그래서 새로운 발상이나 사고방식이 필요하다. 44쪽에서 소개한 '페르마의 마지막 정리'도 그중 하나였다.

그 밖에도 '1의 미스터리', '소수', '무리수와 근', '피보나치 수', '파스칼의 삼각형', '경우의 수', '피타고라스의 수' 등 불가사의한 수의 성질을 '토끼 부부가 매일 두 마리씩 새끼를 낳으면 어떻게 될까' 같은 예를 들면서 귀여운 그림으로 이해하기 쉽게 설명해준다.

수에는 규칙성이 있어서 여러 계산 과정을 거치더라도 마지막에는 딱 맞아떨어진다. 이 책을 읽다 보면 그 아름다운 규칙성에 새삼 감동하게 된다.

이 책은 수학을 배우는 책이 아니라 즐기기 위한 책이다. '0, 1, 2, 3, 4, 5, 6, 7, 8, 9' 단 10개의 글자가 무한의 확장을 보여주는 세계는 정말 신비스럽다.

POINT

1. 저자는 독일의 시인으로, 수학을 싫어하는 사람도 거부감 없이 읽을 수 있다.
2. 소년 로베르트의 꿈속에서 노인 '수학 귀신'이 수에 얽힌 이야기를 들려준다.
3. 학교에서 배우는 수학과 다르게 수를 만나는 일이 즐거워지는 책이다.

CHAPTER 3

현대 과학의 이해를 돕는 과학 고전

현대 과학의 뿌리가 궁금하다면

『자연발생설 비판』 / 루이 파스퇴르

『천체의 회전에 관하여』 / 니콜라우스 코페르니쿠스

『별 세계의 보고』 / 갈릴레오 갈릴레이

『생물이 본 세계』 / 야콥 폰 윅스퀼

『종의 기원』 / 찰스 다윈

『프린키피아』 / 아이작 뉴턴

『상대성이론』 / 알베르트 아인슈타인

『자연학』 / 아리스토텔레스

『과학과 가설』 / 앙리 푸앵카레

『레오나르도 다빈치의 수기』 / 레오나르도 다빈치

21 『자연발생설 비판』

Mémoire sur les corpuscules organisés qui existent dans l'atmosphère : examen de la doctrine des générations spontanées

1861

루이 파스퇴르

분량 ●●○ 난이도 ●●●

『자연발생설 검토』, 야마구치 세이자부로 옮김, 이와나미문고.
『자연발생설 비판』, 김학현 옮김, 서해문집.

근대까지 신봉되었던 '자연발생설'을 근본부터 뒤집은 논문이다. 그 독창적인 실험과 연구는 근대 미생물학의 기초를 확립하고 의학 발전에 이바지했다.

프랑스의 생화학자이자 세균학자. 로베르트 코흐와 함께 '근대 세균학의 창시자'로 불린다. 우유, 와인, 맥주의 부패를 방지하는 저온 살균법을 개발했다. 백신 예방접종법을 개발하고 광견병 백신을 발명했다.

근대까지 신봉된 아리스토텔레스의 이론

파스퇴르(Louis Pasteur, 1822~1895)는 자연발생설을 부정하고 발효에 대해 밝혀냈으며, 우유 및 와인의 부패를 막는 저온 살균법(pasteurization)을 개발한 생물학자로서 유명하다. 또한 분자의 거울상이성질체를 발견하는 등 화학 분야에서도 활약했으며, 더 나아가 제너의 천연두 백신을 과학적으로 해명하여 면역의 개념을 발견하고, 광견병 백신을 발명하여 의학 발전에도 크게 공헌했다.

『자연발생설 비판』 1장에서는 '물질에서 저절로 생물이 생겨난다'고 하는 '자연발생설'의 역사를 이야기한다. '자연발생설'은 기원전 4세기경 고대 그리스의 철학자 아리스토텔레스가 생물은 대부분 부모에게서 태어나지만 물질 속에서 생겨나는 것도 있다는 견해를『동물지』및『동물발생론』에 기술하면서 시작되었다. 이 사고방식은 고대, 중세를 거쳐 근대까지 오랫동안 신봉되었다.

그러던 중 16~17세기에 이탈리아의 동물학자 레디가 '썩은 고기에 생기는 구더기는 파리의 알에서 나온 유충'이라는 사실을 밝혀내어 자연발생설에 균열이 생겼다.

그런데 17세기 후반~18세기 전반에 현미경을 사용한 관찰이 보편화되면서, 동식물에서 새어나오는 액체 속에서 생물의 기원을 설명할 수 있는 물질을 발견하지 못하자 자연발생설이 재등장한다. 독실한 가톨릭 사제이자 동식물학자인 니담이 1745년에 출판한 책에서 실험을 통한 새로운 사실을 발표하여 자연발생설을 긍정했다.

하지만 이 주장에 이의를 제기하는 사람도 나타났다. 생리학자 스팔란차니이다. 니담은 창의력을 총동원한 실험을 자연발생설의 근거로 내세웠으나 스팔란차니 또한 실험으로 반박했다. 두 사람은 서로의 논문을 부정했지만, 자신의 주장에 맞춰 실험을 통제하는 방법을 채택했기 때문에 좀처럼 승부가 나지 않았다.

그래도 스팔란차니의 실험 결과는 식품 저장법에 중대한 영향을 끼쳤다. 1804년 프랑스의 식품 가공업자 아펠이 유리병 안에 음식을 넣어 밀봉하고 가열 살균해서 보존하는 방법을 발명한 것이다. 이것은 현재의 통조림으로 발전했다.

아펠의 방법을 추가로 실험하여 증명한 프랑스의 화학자 게이뤼삭은 '병조림의 내용물이 변질되지 않은 이유는 가열로 인해 산소가 사라졌기 때문'이라고 결론 내렸다. 그 후 독일의 생리학자 슈반이 실시한 실험에서 가열한 뒤에 냉각된 공기는 끓인 고기국물을 변화시키지 않는다는 사실이 밝혀지면서 스팔란차니가 승리하게 되었다. 다만 슈반의 실험은 육즙의 부패에는 유효했으나 알코올 발효에 관해서는 모순이 발생했다.

이후로도 계속된 연구에서 '산소 가스만 존재한다는 것을 전제로 하여 일어나는 유기 물질의 자연 분해 현상'이 밝혀지면서 발효에는 효모와 산소가 필요하다는 사실을 알게 되었다.

'자연발생설'을 둘러싼 공방에 종지부

효모는 단백질과 효소에서 자연 발생하는가, 하지 않는가. 파스퇴르는 그것을 밝히기 위해 실험을 하고 결과를 이 책에 정리했다. 2~9장에 걸쳐서 실제 이뤄진 온갖 실험과 결과 보고가 기록되어 있으며, 결론적으로 자연발생설은 부정되었다.

일본판 역자인 야마구치 세이자부로는 이 책의 가장 큰 특징은 비할 데 없이 독창적인 실험 방법으로 뒷받침한 논리적 구성의 완벽함에 있다고 말했다. 확실히 2장부터 9장까지는 일시 및 상세 데이터를 적고 실험 내용과 결과를 자세하게 기록했다.

이 책이 발표될 무렵에 '대기의 먼지 속에는 번식력이 있는 미생물의 아포(芽胞)가 실제로 존재한다', '끓인 유기성 액체가 공기와 접촉할 때 발생하는 모든 생물은 공기 중의 아포에서 유래한다'라고 결론을 내렸다. 다만 이 책 발표 후에도 반대파인 프랑스의 박물학자 푸셰와의 논쟁이 이어졌으나 1864년에 푸셰가 물러섰다. 그 후 1876년부터 1877년까지 두 해에 걸쳐 영국의 베이스찬과 논쟁을 벌여 자연발생설에 마지막 일격을 가했다. 그 후로 자연발생설 긍정파가 반격하는 일은 없었다.

이 책의 1장 '자연발생설의 역사'는 28쪽에 불과하지만, 그 안에는 격렬한 논쟁 과정이 응축되어 있어서 그 시대를 살았던 파스퇴르의 강한 집념을 느낄 수 있다.

POINT

1. 초판은 1861년에 발표되었다.
2. 근대에 이르러서도 여전히 신봉되던 '자연발생설'을 밑바닥부터 뒤집었다.
3. 수록된 강연록에는 자연발생설의 역사부터 연구 성과까지 정리되어 있다.

22 『천체의 회전에 관하여』 *De revolutionibus orbium coelestium* 1543

니콜라우스 코페르니쿠스

분량 ●○○ 난이도 ●●●

『천체의 회전에 관하여』, 야지마 스케토시 옮김, 이와나미문고.
『천체의 회전에 관하여』, 민영기 · 최원재 옮김, 서해문집.

'천동설'이 당연하던 시대에 '지동설'을 외쳐 세상의 상식을 바꾼 역사적인 책이다. 하지만 이 책은 코페르니쿠스의 죽음 직전에서야 출판되었다.

폴란드 태생의 천문학자이자 가톨릭 사제. 지구중심설(천동설)을 뒤집는 태양중심설(지동설)을 주장하여 근대 과학으로 향하는 길을 열었다. 인류의 세계관을 완전히 뒤바꾼 발견으로 '코페르니쿠스적 전환'이라는 말이 생겼다.

천문학의 대전환이 된 '지동설'을 주장

근대 과학은 코페르니쿠스(Nicolaus Copernicus, 1473~1543)로부터 시작되었다. 바로 '코페르니쿠스적 전환'에 의해서 세상이 180도 바뀐 것이다. 이 말을 사용한 사람은 18세기의 독일 철학자 칸트이다. 칸트는 그의 저서 『순수이성비판』에서 코페르니쿠스가 지동설을 주장하여 천문학의 대전환을 이룬 것을 예로 들며 자신의 인식론 전환에 대해서 이렇게 칭했다. 현대에도 견해나 사고방식이 정반대로 바뀌는 것을 비유할 때 쓰인다.

일본판 『천체의 회전에 관하여』는 총 6권 가운데 제1권만 수록된 책이다.[12] 이에 대해 역자인 야지마 스케토시는 지구가 둥글다는 것, 태양 주위를 다른 행성(수성, 금성, 지구, 화성, 목성, 토성)이 돌고 있다는 내용이 명확히 나와 있으므로 코페르니쿠스가 주장한 지동설을 이해하기에는 충분하다고 밝혔다.

개인적으로는 처음에 이 책을 읽고 진도가 나가지 않아서 고생했다. 코페르니쿠스로부터 이어지는 근대 과학의 역사를 정확히 모르고 있었기 때문이다. 그래서 책과 병행하여 당시의 역사를 공부하기 시작했다. 그때 읽은 책이 『스티븐 와인버그의 세상을 설명하는 과학』과 사이먼 싱의 『우주의 빅뱅 기원』이다.

『과학의 역사』는 노벨물리학상을 받은 와인버그가 고대 그리스부터 뉴턴에 이르는 과학의 역사를 해설하는 책이다. 고대 그리스의 물리학과 천문학에 무게가 실려 있어 코페르니쿠스의 이야기는 후반부에 나온다. 『천체의 회전에 관하여』에서 인용한 내용도 많아서 어느 곳을 중점적으로 읽으면 좋을지 알 수 있다.

『우주의 빅뱅 기원』은 고대에서 현대까지 우주에 관한 학문의 역사를 따라간다. 과학 전문 작가가 써서 쉽게 읽힌다(44쪽 『페르마의 마지막 정리』 저자와 동일 인물이다). 전반부에 약 15쪽에 걸쳐서 코페르니쿠스의 성장부터 『천체의 회전에 관하여』와 관련한 내용까지 쓰여 있다.

12 한글번역본 역시 완역본은 아니다. 총 6권 가운데 제1권, 제6권을 엮어 출판하였다.

세상에 충격을 주기 전에 세상을 떠난 코페르니쿠스

『천체의 회전에 관하여』가 출판되기 훨씬 전인 1514년에 코페르니쿠스는『코멘타리올루스』('개요'라는 뜻)라는 20쪽짜리 자필 논문을 발표했다. 논문에는 코페르니쿠스가 내세운 우주에 관한 혁신적인 생각이 담겨 있었다. 하지만 전혀 화제가 되지 않았다. 당시 코페르니쿠스는 별로 유명하지 않아서 읽은 사람이 너무 적었기 때문이다.

그 후『코멘타리올루스』의 일반적 개념을 구체적으로 설명하기 위해 30년 동안 천체를 관측하여 데이터를 모아 나갔다. 하지만 사제이자 의사였던 코페르니쿠스는 당시 교리에 어긋나는 지동설을 발표할 생각은 하지 않았다.

그러나 만년에 레티쿠스라는 독일의 젊은 천문학자로부터 공감을 얻으면서 자신감이 생겼고, 그때까지의 생각을 한데 모아 이 책을 출판하게 되었다.

'이 저술의 가설에 대해서 독자에게'라는 책의 서문에는 이런 말이 있다. "참된 원인에는 다다를 수 없으므로, 천문학자는 기하학의 원칙을 통해서 미래와 과거의 천체 움직임을 올바르게 계산할 수 있다는 가설을 받아들이기로 한다." 이 말은 곧 코페르니쿠스가 본문에서 기술하는 상세한 수학적 설명이 단순한 가설의 증명일 뿐 현실 세계를 밝혀내려는 목적이 아니라는 뜻이어서 모순적이다.

사실 이 서문은 코페르니쿠스가 쓴 것이 아니다. 레티쿠스에게서 출판의 책임을 넘겨받은 신학자 안드레아스 오지안더가 교회의 박해로부터 코페르니쿠스를 보호하기 위해 써넣었을 가능성이 높다.

이 책의 초판 1쇄는 코페르니쿠스가 세상을 떠난 바로 그날 도착한 탓에, 그저 눈으로 잠깐 보기만 했다고 한다. 그래서 이 책으로 지동설을 주장했음에도 코페르니쿠스는 교회로부터 이단 취급을 받지는 않았다.

결국 이 책은 세상에 큰 충격을 주지 못했다. 오지안더의 서문 탓만은 아니다. 코페르니쿠스가 무명 천문학자였고, 책의 문체가 읽기 힘들었다는 이유도 크다. 그러나 코페르니쿠스의 충격은 서서히 케플러며 갈릴레이에게 파급되어 갔다.

POINT

1. 코페르니쿠스가 세상을 떠난 해인 1543년에 출판되었다.
2. 천동설의 시대에 세계관을 뒤집는 지동설을 주장했다.
3. 케플러와 갈릴레이에게 영향을 주었다.

23 『별 세계의 보고』 *Sidereus Nuncius* 1610

갈릴레오 갈릴레이

분량 ●○○ 난이도 ●●●

『별 세계의 보고』, 야마다 게이지 · 다니 유타카 옮김, 이와나미문고.
『갈릴레오가 들려주는 별 이야기』, 장헌영 옮김, 승산.

갈릴레이가 망원경으로 본 우주는? 인류의 첫 천체 관측을 생생하게 기록한 이 책은 머지않아 전통적인 우주관을 깨부수게 된다.

이탈리아 태생의 물리학자이자 천문학자, 수학자. 망원경을 이용하여 천체를 관측하고 지동설을 입증했으나 종교재판에서 유죄 판결을 받았다. 피사의 사탑에서 실시한 실험으로 '낙체 법칙'을 발견했으며 '진자의 등시성'도 발견했다.

망원경을 이용한 6가지 위대한 발견

"그래도 지구는 움직인다." 두 번째 종교재판에서 유죄 판결을 받고 법정을 나서면서 갈릴레이(Galileo Galilei, 1564~1642)가 중얼거렸다고 알려진 말이다. 재판이 열린 이유는 갈릴레이가 쓴 『별 세계의 보고』 때문이었다.

코페르니쿠스로부터 시작된 지동설은 케플러에 의해 행성의 궤도는 타원이고 아무것도 없는 우주 공간 속을 이동하고 있다는 사실이 밝혀지기에 이르렀다. 다만 코페르니쿠스와 케플러가 지동설을 주장한 까닭은 태양이 중심인 모델(코페르니쿠스설)이 수학적으로 단순해서 설명이 일관되었기 때문이다. 갈릴레이는 처음으로 관측을 통해 코페르니쿠스설에 유리한 증거를 찾아냈다.

그 일을 가능하게 한 것은 망원경의 발명이었다. 갈릴레이는 망원경을 사용하여 천체를 관측하고 6가지 위대한 발견을 했다.

① 달 표면의 모양

② 무수한 어두운 별

③ 항성은 행성보다 멀리 있다

④ 목성의 4개의 위성

⑤ 금성의 차고 이지러짐

⑥ 태양의 흑점 (『흑점에 관한 편지』에 기록)

이 가운데 ①~④의 발견에 대한 기록이 이 책이다. 이 책은 망원경의 해설을 비롯하여 달 표면의 관찰, 시각과 별의 위치와의 상관관계를 그림으로 보여주는 등 쉽고 상세하게 설명한다. 특히 '④ 목성의 4개의 위성'을 발견하게 된 과정이 아주 명확하게 기록되어 있다. 갈릴레이가 처음 위성의 존재를 알아챈 것은 1610년 1월 7일이었다. 망원경으로 천체를 관측하고 있을 때 우연히 목성을 포착했다. 이어서 목성이 거느리고 있는 3개의 작고 밝은 별을 발견했다. 처음에는 항성이라고 생각했으나 1월 11일에 목성의 위성이라는 사실을 알았고 더구나 한 개 더 있다는 것도 밝혀냈다. 그 후로 3월 2일까지 흐린 날을 제외하고 거의 매일 관측했다. 그 관측 결과가 그림으로 나와 있다.

이 발견은 행성이 태양 주위를 돌고 있다는 코페르니쿠스의 지동설에 중요한 논거를 제공했다. 갈릴레이는 4개의 위성에 '메디치가의 별들'이라는 이름을 붙였다. 당시 베네치아의 파도바대학교에서 급여를 받던 갈릴레이는 앞으로 급여가 오르지 않을 것이라는 통보를 받은 상태였고 계속해서 연구에 전념하려면 메디치 가문의 재력이 필요했기 때문이었다.

바라던 대로 메디치 가문에 뽑혀서 1610년 가을 피렌체로 이주했으나 이 선택이 비극을 불러온다. 당시 가톨릭교회와 대립 중이던 베네치아에서는 지동설을 주장하더라도 갈릴레이가 보호받을 수 있었다. 하지만 피렌체로 이주함으로써 지동설에 반대하는 가톨릭교회의 비난을 피할 수 없게 되었다.

그 후 1613년에 『흑점에 관한 편지』를 출판하면서(이 책에는 그중에서 제2편지를 수록) 갈릴레이는 코페르니쿠스설에 대한 지지 의사를 명확히 했다. 그러나 코페르니쿠스설이 점점 이단 취급을 받게 되면서, 1616년 종교재판에서 '코페르니쿠스설을 믿거나 옹호하는 것을 금지한다'라는 명령이 내려진다. 코페르니쿠스의 『천체의 회전에 관하여』(108쪽 참조)도 일시적으로 금서가 되었다.

진실을 밝히는 것이 과학자의 역할

그 후 갈릴레이는 한동안 지동설과 거리를 두다가, 1623년에 피렌체 출신으로 자신의 편이었던 우르바노 8세가 로마 교황 자리에 오른다면 사태가 호전될 것으로 기대하면서 다시 움직이기 시작했다.

1632년 2월에 출판한 『대화』에는 세 명의 인물이 등장한다. 갈릴레이의 의견을 대변하는 '살비아티', 아리스토텔레스와 프톨레마이오스의 의견을 대변하는 '심플리치오', 중립적 입장인 '사그레도'가 나흘간 토론을 벌여서 살비아티가 심플리치오를 철저히 논파하는 내용이다. 『대화』는 등장인물의 대화가 마치 연극무대의 각본처럼 생생해서 읽을거리로서도 재미가 있다. 게다가 라틴어가 아니라 이탈리아어로 썼기 때문에 일반 서민들도 읽을 수 있었다.

그런데 이것이 그만 교황 우르바노 8세의 분노를 사게 된다. 1633년 1월에 갈릴레이의 두 번째 종교재판이 시작되었고 6월에 유죄 판결을 받지만 곧바로 감형되어 연금 상태가 되었다.

이후로도 갈릴레이는 얌전히 지내지 않았다. 연금 상태에서도 인류 역사상 최초로 운동 연구에 관해 실험하고 그 결론을 1635년『새로운 두 과학』에 정리했다. 그러나 이탈리아에서는 이 책을 출판할 수 없었기 때문에 여러 복사본이 국외로 반출되었고 1638년에 신교도의 나라 네덜란드 라이덴에서 출판되었다.

『새로운 두 과학』의 등장인물은『대화』와 마찬가지로 살비아티, 심플리치오, 사그레도 3명이며 역할도 동일하다. '무거운 물체와 가벼운 물체는 같은 속도로 낙하한다', '공기의 무게', '저항 매체를 뚫고 나오는 운동', '화음에 대하여', '진자의 법칙' 등 다방면에 걸쳐 대화가 이루어진다.

갈릴레이는 과학자로서 철저한 관찰 및 실험을 통해 진실을 규명했을 뿐이다. 하지만 당시 종교관과 동떨어졌다는 이유로 탄압받았다.

사실 '그래도 지구는 움직인다'는 말은 갈릴레이가 한 말이 아니다.

기독교와 맞선 영웅으로 여긴 누군가가 18세기에 만들어 퍼뜨린 듯하다. 어쩌면 과학이란 누구의 방해도 없이 진실만을 추구해야 한다고 생각한 사람들의 바람이 아니었을까.

POINT

1. 이 책 때문에 갈릴레이는 종교재판에서 유죄 판결을 받는다.
2. '목성의 4개의 위성' 등을 발견한 내용이 기록되어 있다.
3. 논문이 아니므로 갈릴레이의 '생생한 목소리'를 들을 수 있다.

24 『생물이 본 세계』 *Streifzüge durch die Umwelten von Tieren und Menschen* 1934

야콥 폰 윅스퀼

『생물이 본 세계』, 히다카 도시타카 · 하네다 세쓰코 옮김, 이와나미문고.
『동물들의 세계와 인간의 세계』, 정지은 옮김, 도서출판b.[13]

생물들이 독자적인 지각과 행동으로 만들어내는 '환경세계'란 무엇인가? 인간 이외의 다른 생물이 느끼는 감각을 해설한 이 책은 '동물행동학'의 선구가 되었다.

에스토니아 출신의 독일 생물학자이자 철학자. 인간 중심의 견해를 배제하고, 동물에게는 생활 주체로서 지각하고 일하는 특유의 환경세계가 있다고 설파하여 생물행동학의 길을 열었다.

'환경세계'가 의미하는 것

본서에 수록되는 과학책의 목록을 고를 때 『도서』라는 잡지의 2017년 임시증간호 『나의 세 권』을 참고했다. 저명인사가 이와나미문고 시리즈 중 추천도서 세 권을 골라 간단히 소개하는 내용이었다.

그중에 윅스킬(Jakob von Uexküll, 1864~1944)의 『생물이 본 세계』를 추천한 사람이 있었다. 처음 들어본 저자의 이름이었으나, 이상하

13 국내에는 『동물들의 세계와 인간의 세계』(도서출판b, 2012)라는 제목으로 출간되었다. 윅스퀼의 또 다른 책인 『의미론』(1940)과 합본된 형태로, 1부가 『생물이 본 세계』이다.

게 궁금해져서 직접 읽어보기로 했다.

이 책을 손에 넣고 알게 된 사실은 크리사트(Georg Kriszat)가 삽화를 그렸다는 것이다. 표지를 넘기면 컬러 그림이 나온다. 무슨 그림일까 궁금해 하면서 페이지를 넘기니 나온 것은 참진드기 그림이었다. 제목이 『생물이 본 세계』이니 당연히 생물에 관한 책인 것은 알고 있었지만 참진드기라니 허를 찔렸다.

일단 역자 후기를 읽으면서 저자인 윅스퀼에 대해서 알아봤다. 1864년 에스토니아에서 태어난 동물비교생리학 연구자로 '환경세계'라는 개념을 만들었다고 한다. 그러나 환경세계라는 발상이 '과학적'이지 않다고 평가받은 탓인지 지원을 받지 못한 채로 연구를 이어가게 되었다. 1907년에 학위는 받았으나 교직을 얻지 못하다가 1926년 마침내 명예교수가 된 산전수전 다 겪은 사람이다.

이 책의 일본어판 역자는 『나비는 왜 나는 걸까』(39쪽 참조)를 쓴 동물행동학 전문가이자 수필가인 히다카 도시타카이다. 솔직히 내용은 난이도가 있다. 히다카는 그의 저서 『동물이 보는 세계, 인간이 보는 세계』에서도 이 책을 이렇게 소개했다(소개라기보다는 오히려 이 책의 해설서라고 생각하면 된다). "논조가 지극히 이론적이어서 한 번 읽고 쉽게 이해할 수 있다고 말하기는 어렵다."

이 책에는 '환경세계'라는 말이 자주 등장한다. '환경세계'에 대한 소개가 바로 이 책의 주제이다. 그렇다면 '환경세계'란 도대체 무엇일까?

서문에서는 진드기를 소재로 '진드기는 기계인가 기계조작계(히다카는 앞서 말한 책에서 기관사라고 표현했다)인가, 단순한 객체인가 그렇지 않으면 주체인가'라는 어려운 논의를 이어간다. 여기서 윅스퀼은 '환경세계'를 묘사하고 있지만 솔직히 난해하다. 그러나 이어지는 1장에서 자세히 설명하므로 서문은 흘려 읽어도 좋다.

동물에게는 보이는 세계가 제각기 다르다

인간과 기타 동물은 외적 환경을 서로 다르게 인식한다. 예를 들어 인간이 어떤 방을 눈으로 보고 전기, 책장, 테이블, 의자, 접시를 인식하더라도 개는 전기와 책장과 테이블을 같은 것으로 인식하며 파리는 전기와 접시만을 인식한다. 동물이 인식하는 것은 각각 다르다. 이것이 그 동물의 '환경세계'이다.

1장에서부터 여러 동물을 등장시켜서 그 동물의 활동 공간, 접촉 공간, 시공간 등을 사진과 그림으로 설명해준다. 읽으면 읽을수록 각각의 동물이 바라본 세계를 이해하게 된다.

이 책에서는 독일어 '움벨트'(Umwelt)를 '환경세계'라고 번역했다. 윅스퀼이 굳이 '움벨트'라고 쓴 이유는 독일어에 객관적인 '환경'을 뜻하는 '움기붕'(Umgebung)이라는 단어가 있어서다. 윅스퀼의 정의에 따르면 움벨트는 우리가 흔히 생각하는 객관적인 '환경'이 아니라 주체 즉 다양한 동물이 각자 구축한 주관적인 '환경'이다. 따라서 이 단어를 '환경세계'라고 옮긴 것이다.

이 책의 제목을 정확히 옮기자면 『동물과 인간의 환경세계 산책』이다. 그러나 역자 히다카는 중학생 때 읽은 고나미 히라오의 번역본에서 『생물이 본 세계』라는 제목을 선택했다. 윅스퀼에게는 미안하지만,

번역가의 고심이 느껴졌기에 구태여 바꾸지 않았다고 한다. 개인적으로도 『생물이 본 세계』라는 제목이 이 책의 세계관을 적확하게 드러내고 있다고 생각한다.

이 책은 동물행동학의 선구로서 여러 사람에게 영향을 주었다. 『솔로몬의 반지』(70쪽 참조), 『이기적 유전자』(49쪽 참조) 등의 명저 또한 이 책의 영향을 받았다.

동물이 본 세계를 이해하게 된다면 인간의 일방적인 관점으로 만들어져 철저히 배제된 동물을 인식하고, 인간과 동물이 함께 살아가는 세상의 모습을 모색하게 될 것이다.

POINT

1. 후세의 '동물행동학'에 큰 영향을 끼친 책이다.
2. '환경세계'라는 새로운 개념을 소개한다.
3. 그림과 사진이 많이 수록되어 이해를 돕는다.

25 『종의 기원』 *On the Origin of Species* 1859

찰스 다윈

분량 ●●● 난이도 ●●●

『종의 기원(상, 하)』, 와타나베 마사타카 옮김, 고분샤고전신역문고.
『종의 기원』, 장대익 옮김, 사이언스북스.

진화의 원리로서 '자연도태설'을 제창한 이 책의 등장은 인류의 인식체계에 대전환을 불러왔다. '생명이란 무엇인가'를 생각하게 하는 책이다.

영국의 박물학자. 1831년부터 5년 동안 비글호의 세계일주 항해에 참여하여 동식물 및 지질을 조사했다. 1858년에 월리스와 함께 '진화론'을 제창하고 『종의 기원』을 간행했다. 저서로 『인간의 유래』 등이 있다.

비글호에서의 임무는 선장의 말동무

이 책은 정말 읽기 힘든 책이다. 글로만 설명되어 있고 그림은 한 장뿐이다. 내용도 쉬운 편이 아니어서 이해하기가 매우 어렵다.

이 원고를 쓰는 데에도 준비 작업까지 포함하면 꽤 많은 시간을 할애했다. 그만큼 다윈(Charles Darwin, 1809~1882)의 『종의 기원』은 과학 고전 중에서도 엄청난 존재이다.

그러면 다윈의 성장부터 시작하여 진화론의 진수로 이야기를 진행해 나가보자. 다윈은 의사 집안에서 태어났으나 의사가 적성에 맞지 않았다. 그래서 신학을 배우기 위해 케임브리지대학교에 진학하지만, 엉뚱하게도 지질학자인 애덤 세지윅과 식물학자 존 헨슬로의 영향을 받는다.

졸업 후 비글호에 타고 세계일주 여행을 떠나보자는 헨슬로의 권유로 1831년부터 1836년까지 5년 동안 여행길에 오른다. 영국 해군의 함선인 비글호는 남미 대륙의 해안선 조사 및 해도(海圖) 제작을 목적으로 세계를 일주하는 탐험선이었다. 다윈의 임무는 표면상 지질학 연구였지만 실제로는 선장의 '말동무'였다(당시에는 선장과 선원이 개인적으로 대화하는 일이 금지되어 있었다). 이 항해에 관한 이야기는 『찰스 다윈의 비글호 항해기』에서 다루고 있다.

항해하는 동안 다윈은 지질학자 라이엘의 저서 『지질학 원리』를 읽었는데, 이 책에서 주장한 '동일과정설'(신이 세상 만물을 창조했다는 설에서 벗어나 자연계의 보편적인 법칙으로 자연을 설명한다)은 이후 다윈의 사고방식에 영향을 끼쳤다. 그러나 항해 중에는 '진화'에 대해 생각하지는 않았다. 즉 갈라파고스 제도에 서식하는 작은 새인 핀치의 형태가 다른 것을 보고 진화론을 떠올린 것이 아니다.

여행지에서 보낸 표본들이 귀중한 자료로서 화제가 되면서, 항해에서 돌아온 다윈은 곧바로 학자로서 주목받았다. 그 후 여행하면서 획득한 생물과 지질에 관한 기록 등을 토대로 진화에 관한 연구를 시작했다. 고전 경제학자 맬서스의 저서 『인구론』을 통해서 생물 개체끼리 다양하게 경쟁하는 것이 중요하다는 사실도 알게 되었다.

조금씩 연구를 검토해 나가다가 1844년에 한 가지 결론에 도달했다. 하지만 바로 발표하지 않고 연구를 더 진행했다. 이렇게까지 신중한 이유는 진화론이 곧 기독교의 교리를 부정하는 것으로 이어지기 때문이었다. 1844년에 챔버스가 출판한 『창조의 자연사의 흔적』이 과학자를 포함한 세간의 비난을 받았다. 그래서 비판을 잠재울 만큼의 데이터를 모아서 논문의 완성도를 높일 필요가 있다고 생각했다.

젊은 박물학자가 보낸 충격적인 편지

1856년에는 연구의 선취권을 확보하기 위해서 식물학자 조지프 후커와 지질학자 찰스 라이엘의 권유로 자연도태(자연선택)에 관한 대작 집필에 착수했다.

그러나 충격적인 사건이 일어난다. 1858년 젊은 박물학자 앨프레드 러셀 월리스로부터 편지가 도착했는데, 편지에는 다윈이 연구한 이론과 거의 동일한 내용이 적혀 있었다. 월리스는 『창조의 자연사의 흔적』과 『비글호 항해기』 등을 참고하여 세계 각지에서 관찰하고 확증을 얻었다고 썼다. 게다가 '라이엘에게 판단을 요청하고 싶다는' 부탁까지 해왔다.

하지만 다윈이 먼저 그 이론을 완성했다는 것은 명백한 사실이었다. 이는 라이엘과 후커도 아는 바였다. 결국 두 사람이 주선하여 다윈과 월리스의 논문이 학회에서 동시에 발표되었다.

당시 말레이 제도에 있던 월리스는 그 소식을 듣고 영광이라며 기뻐했다고 한다. 결코 다윈이 월리스의 편지를 읽고 선수를 친 것이 아니다. 다윈은 이미 20년이나 연구를 계속해 왔고 월리스도 그 사실을 알고 있었다. 이 일의 자초지종에 대해서는 『종의 기원』의 '머리말'에도 쓰여 있다. 다윈의 성실함이 드러나는 에피소드이다.

자신의 이론을 공개한 다윈은 그때까지 쓰던 대작의 요약본을 완성시키고 1859년『종의 기원』을 출판했다.

다윈이 걱정한 대로 이 책의 이론은 격렬한 논쟁을 불러일으켰다. 과학자 중에서도 다윈 지지파와 반대파로 나뉘었다. 기독교인과 성직자는 대부분 비난했으나 다윈을 지지하는 사람도 적지 않았다. 그러나 점차 다윈의 지지파가 늘어갔다.

'진화론'의 세 가지 키워드

이 책의 정식 명칭은『자연도태에 의한 종의 기원—생존 투쟁에서 유리한 품종의 보존』이다. 사실 다윈은 '종'이라는 것에 대해서 전혀 신경 쓰지 않았다. '종'은 18세기 중반에 식물학자인 린네가 '형태적으로 같은 구조를 갖는 것'이라고 정의한 바 있으나, 린네는 변이를 무시하고 '종'을 나누었다. 변이에 주목하면 구분이 모호해지기 때문이다. 한편 다윈은 '종'은 확정적인 것이 아니라고 주장했다. 현재도 '종'의 정의를 두고 논쟁이 이어지고 있다.

이 책에서 말하는 진화론의 키워드는 '변이', '생존경쟁', '자연도태'(자연선택) 이렇게 세 가지다(참고로 '유전'에 관한 설명도 있지만 당시는 유전자가 발견되기 전이었기 때문에 가설에 불과하여 오류가 많았다).

'변이'는 집비둘기 품종으로 고찰했다. 모든 집비둘기의 선조가 바위비둘기라는 것은 이미 상식처럼 여겨지고 있었다. 그래서 다윈이 직접 교배실험을 하여 논리적으로 증명했다. 이에 따라 '세상에 수많은 생물이 존재하는 것은 처음부터 전부 존재한 것이 아니라 하나가 변화하여 생겨났다고 볼 수 있다'라고 주장했다.

'생존경쟁'은 '기린의 목은 왜 길까'를 예로 들면 이해하기 쉽다. 초판에는 기린의 예가 나오지 않지만, 원서 6판에서 장이 추가되어 기린 목에 관한 이야기가 나온다.

'높은 곳에 있는 나뭇잎을 먹으려고 목을 늘였기 때문'이라는 말은 유감스럽게도 오류다. 정답은 이렇다. '목이 긴 기린이 높은 곳에 있는 나뭇잎을 먹을 수 있어서 생존에 유리하다. 따라서 긴 목을 지닌 기린이 살아남아 자손을 남길 확률이 높아져서 목이 긴 기린만 남게 되었다.' 즉 '생존경쟁'을 반복하면서 생존에 유리한 변이가 다음 세대로 이어진 것이다.

'자연도태'는 깃털 색이 다른 뇌조를 예로 들었다. 뇌조류는 서식 지역에 따라서 깃털 색에 큰 차이를 보인다. 눈이 많이 내리는 깊은 고산에 서식하는 뇌조의 겨울 깃털은 흰색, 이탄이 축적된 습지에 사는 뇌조는 이탄과 비슷한 연갈색, 황량한 초지에 사는 뇌조는 자홍색이다. 뇌조의 천적인 매의 눈에 잘 뜨이지 않는 깃털 색이 생존에 적합하므로 오랜 세월 동안 유리한 변이가 축적된 결과 개체차가 생겨났다고 설명한다. 즉 환경에 유리한 형질은 존속하고 그렇지 않은 형질은 사라진다는 뜻이다.

진화는 '진보'와 다르다

다윈의 진화론을 정리하면 다음과 같다. “생물에는 여러 가지 [변이]가 생긴다. 그 변이 중에 다른 개체보다 생존이나 번식에 유리한 것이 있으면 [생존경쟁]에서 그 개체가 살아남고 변이는 자손으로 이어진다. 그리고 환경에 불리한 개체보다 유리한 개체가 많은 자손을 남기는 [자연도태]를 오랜 세월 반복해 나가는 동안 변이가 축적되면서 원래의 개체와는 다른 생물이 탄생하는 과정이 진화이다.”

이 책에 등장하는 유일한 그림이 4장의 ‘생명의 나무’이다. ‘변이’를 통해 생물이 갈라져 가는 모양을 표현하고 있다. ‘진화’란 위를 지향하는 ‘진보’가 아니라 서로 다른 환경에 적합한 여러 생물을 만들어내는 가지 형성의 역사라는 이야기다. 따라서 고릴라가 진화를 거듭해서 사람이 되는 것이 아니라 같은 선조로부터 진화한 최전선에 인간

『종의 기원』에 삽입된 유일한 그림

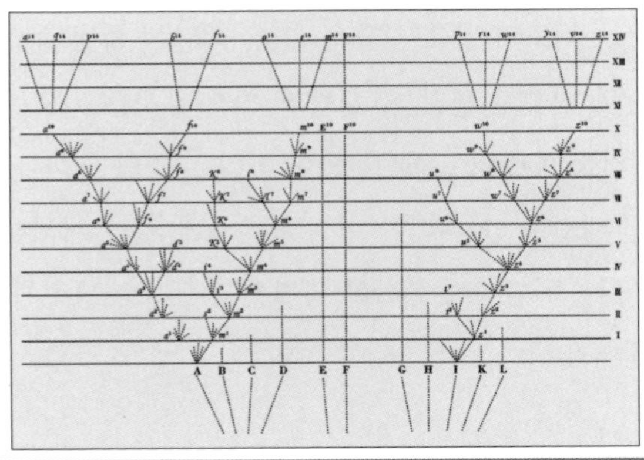

➡ 종이 갈라져 가는 모양을 표현하고 있다

이 있고 고릴라가 있는 것이다. 결코 인간이 진화의 정점에 서 있는 것이 아니다.

총 14장으로 구성된 두꺼운 책이지만 진화론에 대한 설명은 1장부터 5장까지다. 나머지 장에서는 당시의 진화론에 담긴 '불편한 진실'을 향한 이견 및 반론을 가정하고, 그에 대해 구체적인 검증을 진행하여 다음과 같은 반론에 대비했다.

> '진화 과정에 있는 중간종 또는 그 화석이 발견되지 않는 이유는 무엇인가?'
>
> '눈[眼]처럼 구조가 정밀한 기관은 정말로 진화로 인해 생겨나는가?'
>
> '바다로 격리되어 멀리 떨어진 두 지역에 같은 종이 분포하는 이유는 무엇인가?'

미리 대답을 준비했던 이유는 진화가 기독교 교리에 어긋나는 위험한 사상이기 때문에, 그리고 다윈 스스로 자신의 이론에서 결점이나 불확실한 부분을 발견했기 때문이다. 그래서 검증에 많은 시간을 쏟고 책의 절반 이상을 할애하여 꼼꼼하게 설명했다. 방대한 데이터에 기초하여 검증하고 이론을 구축하는 다윈의 정신은 현대 과학의 연구로 이어지고 있다.

해설서부터 읽는 것도 좋은 방법

이 책에 대한 세간의 평가는 대부분 어렵다는 것이다. 그래서 쉽게 해설한 책이 꽤 많이 나와 있다. 그중에서 개인적으로 참고한 책은 『청소년을 위한 다윈의 종의 기원』(레베카 스테포프 편저), 『100분 명저

다윈 종의 기원』(하세가와 마리코)이다.[14]

『청소년을 위한 다윈의 종의 기원』은 『종의 기원』 초판을 다시 쓴 책이다. 원서에 나온 엄청난 수의 증거를 압축하고 문장을 간단하게 고쳐서 분량을 약 3분의1로 줄였다. 학문적으로 무효가 된 부분은 삭제하여 핵심을 쉽게 파악할 수 있다. 『100분 명저 다윈 종의 기원』도 요점을 이해하기 쉽도록 그림이나 사진으로 설명한다. 이러한 해설서들을 옆에 두고 『종의 기원』을 읽으면 다윈이 말하고자 하는 바가 머리에 잘 들어온다.

다윈은 스스로 『종의 기원』에 대해서 '요약했기 때문에 불완전하다'라고 밝혔다. 그래서 6판까지 개정을 거듭했다. 그러나 학설이 바뀌어 이루어진 개정이 새로운 부정합을 만들어내기도 했다. 당시 초판이 사상적으로 영향을 끼쳤기 때문에 현재도 초판 번역이 많이 이루어지고 있다(한글판도 초판을 번역한 것이다). 판에 따라 내용이 크게 바뀌고, 그것에 대해서 논의가 이루어지는 이유도 그만큼 『종의 기원』이 영향력을 지녔기 때문이다.

상황이 이러한 탓에 어느 책을 읽어야 할지 고민스러울 것이다. 번역자에 따라서 책의 인상도 크게 달라지는 만큼 읽고 비교해보는 것도 과학책을 즐기는 방법 가운데 하나이다.

'생존경쟁과 자연도태의 과정에서 서서히 변화해간다' 이것이 다윈의 참뜻이다. '진화의 역사 속에서 생물이 진보해온 것'이 아니다.

---

14 국내에도 『종의 기원, 모든 생물의 자유를 선언하다』, 『종의 기원을 읽다』, 『가볍게 꺼내 읽는 찰스 다윈』 등 해설서가 여럿 출간되어 있다.

1960년대에 진화론을 인간 사회에 적용함으로써 '약육강식'과 '적자생존'에 따른 자연도태를 주장하여 인종차별 및 우생사상을 정당화하는 수단으로 이용한 전력이 있다. 우리가 할 수 있는 일은 제대로 읽고 올바르게 이해하는 것이다.

POINT

1. 진화론에 관해 쓴 최초의 책이다.

2. 이 책의 키워드는 '변이', '생존경쟁', '자연도태'(자연선택)이다.

3. 진화론의 오용은 현대에서도 가끔 토론거리가 된다.

26 『프린키피아』 *Philosophiae Naturalis Principia Mathematica* 1687

아이작 뉴턴

분량 ●●● 난이도 ●●●

『프린키피아(Ⅰ~Ⅲ)』, 나카노 마시토 옮김, 고단샤블루백스.
『프린키피아』, 박병철 옮김, 휴머니스트.

'만유인력의 법칙'을 발견한 인물로 알려진 뉴턴은 이 책으로 고전 역학의 기초를 쌓았다. '근대 과학에서 가장 중요한 저작 가운데 하나'라고 평가받는다.

영국의 수학자이자 물리학자, 천문학자. 만유인력의 법칙, 미적분법, 빛의 스펙트럼은 '3대 발견'으로 꼽힌다. 『프린키피아』를 써서 역학의 체계를 확립하여 '근대 정밀과학의 아버지'라고 불린다.

페스트 유행이 가져다준 '기적의 해'

뉴턴(Isaac Newton, 1642~1727)이라고 하면 사과. 떨어지는 사과를 보고 '만유인력의 법칙'을 발견한 이야기는 유명하다. 『프린키피아』는 이 만유인력에 관해 쓴 책이다.

이 책은 1687년에 출판되었다. 그러나 만유인력의 법칙을 발견한 것은 1665년에서 1666년으로, 런던에서 유행하던 페스트를 피해서 고향으로 돌아갔을 때(23~24세)였다. 이 2년 동안 미분 및 적분, 광학에 관한 발견이 이어져서 1665년을 '기적의 해'라고 부른다.

하지만 뉴턴은 논문을 쓰지 않는 성격이었기 때문에 좀처럼 공표하지 않았다. 그래서 미적분을 발명한 사람이 누구인지를 두고 라이프니츠와 다투기도 했다.

핼리혜성을 발견한 천문학자 핼리가 1684년 여름 케임브리지대학교를 방문했을 때 뉴턴에게 이런 질문을 했다. "태양이 거리의 제곱에 반비례하는 힘으로 행성을 끌어당긴다고 가정하면 행성은 어떤 곡선을 그릴까요?"

묻자마자 즉시 답이 돌아왔다. "타원이겠지." 핼리는 뉴턴이 이미 해답을 알고 있다는 사실에 놀랐다.

핼리의 요청으로 1685년부터 1686년까지 18개월에 걸쳐서 이 책을 완성하지만, 왕립협회는 출판 비용을 지출할 수 없다는 말을 전해 왔다. 결국 1687년에 핼리가 전액을 부담하여 책을 출판했다. 다행히 베스트셀러가 되어서 손해는 보지 않았다.

'근대 과학 창시자'의 민낯

이 책은 '서론'과 '세 편의 본론'으로 구성되어 있다. 서론에서는 역학의 정의와 뉴턴 역학의 근간인 운동의 3법칙 및 공리를 설명한다. 본론은 제1권 '물체의 운동', 제2권 '저항을 전달하는 매질 내에서의 물체의 운동', 제3권 '세계 체계'로 나뉘어 있다. 먼저 정리나 문제를 보여주고, 그에 대해 상세하게 설명하는 형식을 취한다. 교과서가 아니라 문제집의 느낌이다.

만유인력은 제3권에서 다룬다. 『프린키피아를 읽다』를 쓴 와다 스미오는 자신의 책에서 이렇게 설명했다.

뉴턴의 '기적의 해'

1665년 — 뉴턴 23세

만유인력의 법칙 발견	미적분의 창안	광학의 발견
'지구가 지상의 물체를 끌어당기기만 하는 것이 아니라, 이 우주 어디에서나 모든 물체는 서로 끌어당기는 작용을 주고받는다'라는 견해	해석학의 기본적인 부분을 형성하는 수학 분야의 하나. 발명의 선취권을 둘러싸고 라이프니츠와 다투게 되었다.	프리즘 실험을 하여 같은 굴절률의 빛에는 같은 색이 들어있다는 것을 발견했다. 이 발견은 반사망원경의 발명으로 이어졌다.

"제1권과 제2권을 읽어야 프린키피아의 진수를 이해할 수 있지만, 뉴턴이 가장 주장하고 싶었던 내용은 제3권이다. 그곳에 도착하기도 전에 좌절하면 안 되므로 제3권의 전반부터 해설한다."

전문가도 고민할 만큼 『프린키피아』는 이해하는 데 시간이 필요하므로 해설서를 옆에 두고 읽으면 좋다.

뉴턴은 '근대 과학의 창시자'라는 이미지가 강하지만 사실은 전근대적인 사고방식을 지녔다. 이 책에서도 신의 존재와 지배를 긍정했으며 나이를 먹을수록 연금술 연구에 몰두했다.

또한 권력에 대한 집착도 강해서 조폐국 장관이나 왕립협회 회장 자리에서 죽을 때까지 물러나지 않았다. 더구나 훅과 인력의 역제곱 법칙을, 플램스티드와는 천문학상의 발견을, 라이프니츠와는 미적분의 선취권을 두고 다툼을 벌이며 공공장소에서 비난을 서슴지 않는 등 공격적인 성격이었다.

어쨌든 자연과학 분야에서 처음으로 기사 칭호를 얻었으니 본인으로서는 만족스러운 인생이지 않았을까.

POINT

1. 그 유명한 '만유인력의 법칙'에 대해서 쓴 책이다.
2. 페스트를 피해 고향에 머물 때 만유인력을 발견했다.
3. 만유인력은 제3권에 나온다.

27 『상대성이론』 *Relativity: the Special and the General Theory* 1905

알베르트 아인슈타인

분량 ●○○ 난이도 ●●●

『상대성이론』, 우치야마 료유 번역 · 해설, 이와나미문고.
『상대성이론: 특수 상대성 이론과 일반 상대성 이론』, 장헌영 옮김, 지식을만드는지식.

시공간의 개념을 바꾼 아인슈타인의 '상대성이론'. 내용이 난해한 것은 부정할 수 없지만, 천재 과학자의 사고 과정을 따라가 볼 수 있는 값진 책이다.

독일의 물리학자. 일반상대성이론, 특수상대성이론, 고체 비열 이론, 빛의 입자와 파동의 이중성 등을 제창했다. 물리학 인식을 근본부터 뒤바꿔 '20세기 최고의 물리학자'로 평가받는다. 1921년 노벨물리학상을 받았다.

인용 문헌이 하나도 없는 이유

아인슈타인(Albert Einstein, 1879~1955)이라고 하면 많은 사람이 '상대성이론'이라는 단어를 떠올린다. 그러나 실제로 상대성이론이 어떤 원리냐고 물으면 설명하기가 쉽지 않다. 『상대성이론』을 읽은 나조차도 솔직히 말하면 정확하게 설명할 자신은 없다. 이미 상대성이론을 해설한 책이 많이 나와 있으므로 자세한 해설은 그쪽에 양보하고 싶다.[15] 내가 참고한 책은 무크지 『뉴턴 별책 '제로부터 이해하는 상대

15 국내에도 다수의 해설서가 이미 출간되어 있다.

성이론'』이다.

흔히 특수상대성이론과 일반상대성이론이라는 명칭만 놓고 보면, 특수상대성이론이 뒤늦게 나온 것처럼 생각하기 쉽다. 하지만 특수상대성이론을 다룬 논문이 1905년에 나오고, 일반상대성이론을 다룬 논문은 그로부터 10년 뒤에 발표되었다.

특수상대성이론은 말 그대로 관성 운동(외부의 힘이 가해지지 않는 한 그 운동을 계속한다)이라는 특수한 경우에만 적용되는 것이기 때문이다. 일본어판은 특수상대성이론만을 다루고 있는데, 역자인 우치야마는 특수상대성이론을 다룬 이 논문이야말로 '상대성이론'의 원점이라고 주장한다. 이를 확장하여 일반적인 운동에서도 적용될 수 있도록 한 것이 일반상대성이론으로, 아인슈타인이 발표한 유명한 공식 '$E=mc^2$'는 일반상대성이론 논문에서 등장한다.

한편 "아인슈타인의 논문은 어떤 것이든 대단히 간단명료하고 이해하기 쉽다. 특히 이 특수상대성이론을 다룬 논문이 특히 그러하다"는 역자의 말처럼, 확실히 처음에는 어떻게든 읽을 수 있기는 하다. 그러나 점점 수식이 마구 날아다니고 고등학교 때까지 본 적도 없는 기호가 나온다. 역시 대학교에서 수학을 배우지 않은 사람에게는 어려울 수밖에 없다. 따라서 이 책의 현실적인 독서법은 아인슈타인의 재능을 마음껏 감탄하는 것뿐이다. 참고로 이 책에서 다루는 수학이나 물리 지식을 알고 싶은 사람에게는 『원논문으로 배우는 아인슈타인의 상대성이론』(국내에는 미출간)을 추천한다. 여기도 『상대성이론』과 마찬가지로 원논문의 번역이 게재되어 있다.

이 책에 등장하는 '특수상대성이론'의 논문은 인용 문헌이 하나도 없는 것으로 유명하다. 일반적으로 논문을 쓰려면 과거 연구자의 논문에서 이론이나 의견을 빌려와 새로운 논리를 전개하는 것이 보통이다.

그러면 왜 이 논문에는 인용 문헌이 없는가. 이학박사인 가라키다는 그의 저서에서 이렇게 설명했다. "특수상대성이론의 논문 내용은 일반적이고, 인용한 개념 역시 오래전부터 당연시하던 것을 사용했기 때문에 문헌의 인용에는 포함되지 않았다. 또한 아인슈타인은 당시 특허국에 근무하고 있었고 일이 끝나는 시간에는 도서관이 문을 닫아서 도서관을 이용할 수 없었다는 사실을 그의 편지로 알 수 있다."

논문 내용이 일반적이라고는 하지만 아인슈타인의 이론에 독창성이 있다는 점에 이견은 없다.

내비게이션에도 응용되는 '특수상대성이론'

그러면 상대성이론이란 도대체 무엇인가? 앞서 말한 바와 같이 이 책에서 설명은 하지만 꽤 어렵다. 나처럼 읽어도 이해가 되지 않는 사람은 아인슈타인이 직접 해설한 책을 읽으면 좋을 것이다. 레오폴드 인펠트와 함께 쓴 『물리는 어떻게 진화했는가』라는 책이다. 전문적인 지식이 없어도 읽을 수 있도록 해설하고 있다.

애초에 '상대성'이란 무엇을 말하는가? '절대성'의 반대말이자 '시간이나 공간은 관측자에 따라 변한다'라는 말이다. 즉 관측하는 사람에 따라서 시간의 속도나 물건의 길이가 다르다는 뜻이며, 그것을 이론적으로 밝혀낸 것이 '특수상대성이론'이다. 이 이론을 바탕으로 질량

이 에너지로 바뀐다는 사실이 증명되었고 원자 폭탄 제조 및 원자력 발전으로 이어졌다.

그런데 특수상대성이론에서는 중력을 다루지 못했다. 뉴턴의 '만유인력의 법칙'에 따라 설명되던 중력을 부정한 것이 '일반상대성이론'이다.

아인슈타인의 가설은 일식 때 볼 수 있는 '중력이 빛을 구부리는 실험'으로 증명되었다. 그 견해는 '중력은 없앨 수 있다'라는 주장으로 발전하여 마침내 '중력이 강한 곳일수록 시간은 느리게 흐른다'라고 하는 이론에 이르렀다.

이 이론은 현대의 내비게이션에 응용되고 있다. GPS 위성에서는 지구보다 시간의 흐름이 빨라서 하루에 38.6마이크로초 빠르게 흘러간다. 이것을 보정하지 않으면 하루당 약 11킬로미터나 오차가 발생하여 자동차 내비게이션은 쓸모없어진다. 상대성이론은 현대 생활에 필수적인 이론인 셈이다.

아인슈타인의 '기적의 해'

뉴턴에게 기적의 해가 있었듯이 아인슈타인에게도 '기적의 해'가 있었다. 1905년에 '광양자가설', '브라운 운동 이론', '특수상대성이론'에 관한 논문을 잇달아 발표했다. 천재들은 젊은 시절에(아인슈타인은 26세) 기적의 해를 맞는 경향이 있는듯하다. 1916년에는 '일반상대성이론'을 발표하고 물리학계 중심인물이 되어 갔다.

그 후 아인슈타인은 보어가 주장하는 '양자론'의 표준적 해석인 '코펜하겐 해석'(자세한 내용은 198쪽 참조)를 둘러싸고 논쟁을 벌이게 된다. 이 논전은 1927년 제5회 솔베이 회의(물리학에 관한 회의)에도 상정되었다. 이 회의에는 퀴리 부인과 슈뢰딩거, 플랑크, 로렌츠 등 당시의 저명한 물리학자 29명이 모였다(그 가운데 17명이 노벨상 수상자다).

이 논전은 1930년 제6회 솔베이 회의에서도 계속되었다. 거기서 보어가 무려 일반상대성이론을 이용해 반론을 펼쳐서 아인슈타인의 주장을 물리치는 충격적인 사건이 일어난다. 그때부터 판세가 역전되었고, 아인슈타인의 주장이 실험으로 증명되지 않은 채 현재에 이르렀다. 솔베이 회의에서 벌어진 논전의 양상이나 과학자의 삶에 대해서는 만지트 쿠마르가 쓴 『양자 혁명』에 잘 그려져 있다.

그렇다면 왜 많은 사람이 아인슈타인에게 매혹될까? 아인슈타인은 젊어서부터 천재 칭호를 얻었다. 유대인으로서 나치 독일에서 벗어나 미국으로 건너갔지만, 평생 큰 고생은 하지 않았다. 한편 암기를 잘 하지 못해서 학교에서는 뒤처졌다고 한다. 천재에게도 약점은 있었다. 또한 원자 폭탄에 반대한 것으로도 알려졌다. 그런 인간미 넘치는 모습에 사람들이 호감을 느끼는 게 아닐까?

이 책을 읽을 때 여러 관련 서적을 참고했다. 읽으면 읽을수록 아인슈타인의 이름이 여기저기서 튀어나왔다. 그만큼 아인슈타인의 영향을 받은 과학자가 많다는 사실을 알 수 있었다. 아인슈타인이야말로 과학의 발전에 큰 기여를 한 위대한 과학자임은 분명하다.

POINT

1. '특수상대성이론'은 1905년에, '일반상대성이론'은 그로부터 10년 뒤에 발표하였다.
2. 시공간의 개념을 완전히 뒤바꾸어 놓은 책이다.
3. 천재 과학자의 과학적 사고 과정을 엿볼 수 있다.

28 『자연학』 *Phusike Akroasis* 기원전 4세기

아리스토텔레스 분량 ●●● 난이도 ●●●

『신판 아리스토텔레스 전집4 자연학』, 우치야마 가쓰토시 편역, 이와나미서점.
『자연학』, 허지현 옮김, 허지현연구소.

'만학의 아버지'라고 불리는 걸출한 철학자인 아리스토텔레스는 현대의 천문학, 생물학, 기상학 등에 해당하는 자연학 영역에서도 업적을 남겼다.

고대 그리스의 철학자. 기원전 384년 마케도니아에서 태어났다. 플라톤의 제자이자 소크라테스, 플라톤과 함께 가장 위대한 서양 철학자 중 한 사람으로 꼽힌다. 다양한 영역을 연구하여 '만학의 아버지'라고 불리며 '리케이온'이라는 학교도 열었다.

학문 체계를 쌓은 '만학의 아버지'

고대 그리스의 철학자 아리스토텔레스(Aristoteles, BC384~BC322)는 자연과학 분야에서도 다수의 저서를 남겨 중세까지 영향을 미쳤다. 문답법을 통해 자신의 정신과 마주할 것을 설파한 '무지(無知)의 지(知)'의 소크라테스(플라톤의 스승), 육체의 눈이 아닌 마음의 눈으로 진정한 모습을 발견하라고 가르친 '이데아론'의 플라톤(아리스토텔레스의 스승)과 함께 3대 철학자로 꼽힌다. 아리스토텔레스는 소크라테스의 이상주의에 맞서 현실주의 철학을 도입했다.

아리스토텔레스의 공적 중 하나는 그때까지 전해 내려온 그리스 철학을 정리하고 학문으로서 체계화한 것이다. 142쪽의 그림처럼 아리스토텔레스 이전에 이미 그리스의 학문은 많은 분야에서 꽃을 피우고 있었다. 아리스토텔레스는 이 모든 것을 정리하고 자신의 연구 성과도 추가하여 학문의 체계를 구축했다. 이처럼 모든 분야에 뛰어났기 때문에 '만학의 아버지'라고 불린다.

아리스토텔레스는 '논리학'을 모든 학문에서 성과를 거두기 위한 '도구'로 전제하고, 학문 체계를 '이론', '실천', '제작'으로 삼분했다. 이론학은 『자연학』과 『형이상학』, 실천학은 『정치학』과 『윤리학』, 제작학은 『시학』으로 정리했다.

'자연학'은 '자연철학'이라고도 하며, 자연의 사물이나 현상에 관하여 체계적으로 이해하고 이론적으로 고찰한다. 근대 과학 이전에는 자연과학도 여기에 포함되었다. 아리스토텔레스는 현대의 천문학, 생물학, 기상학 등에 해당하는 영역에서도 연구 업적을 남겼다.

『자연학』은 아리스토텔레스가 직접 정리한 책이 아니라 사망 후에 정리된 강연집으로, 자연학 연구군의 기초를 구성하였기에 아리스토텔레스의 철학 안에서도 중요한 위치를 차지한다.

이 책은 총 8권으로 구성되었으며 제1권은 '자연학의 영역과 원리의 개론', 제2권은 '자연학의 대상과 4원인', 제3권은 '운동과 무한에 대하여', 제4권은 '장소, 공허, 시간에 대하여', 제5권은 '운동의 분류', 제6권은 '운동의 분할과 전화, 이동과 정지', 제7권은 '움직이는 것', 제8권은 '제1원인(부동의 동자)과 우주'에 대해서 쓰여 있다. 주로 물리적인 내용이라고 할 수 있다. 『자연학』 외에도 『천체론』, 『기상론』, 『우주

아리스토텔레스에 의한 학문의 체계화

론』, 『동물지』 등 자연과학 관련 저서도 남겼다.

'아킬레우스와 거북이'의 의미는?

고대 그리스 시대의 책이기 때문에 구체적인 수식이나 그림 없이 오로지 글로써 자연현상, 주로 운동에 관해 설명한다. 운동에 의한 속도를 논의할 때도 A며 B 등의 문자를 사용하여 설명하지만, 수식과 그림이 없는 상태로 이해하기란 쉽지 않다. 다만 일본어 번역본의 원서인 로스의 영역본(1950)[16]에서 역자주로 도해를 수록하여 이해를 돕는다.

이 책의 제6권 9장에서는 운동과 시간에 관한 제논의 네 가지 토론을 문제 삼는다. 이것은 '제논의 역설'로 유명하며, 제2의 토론에 '아킬

---

16 국내에 출간된 한글번역본 역시 로스의 영역본을 저본으로 한다.

레우스와 거북이'가 나온다.

'가장 빠른 주자라도 앞에서 출발한 가장 느린 주자를 영원히 따라잡을 수 없고 [생략] 뒤에서 쫓아가는 주자는 추월하기 전에 먼저 앞선 주자가 출발한 지점에 도착해야 하며, 따라서 필연적으로 더 느린 쪽이 언제나 근소하게 앞선다'라는 논지다. 이에 대해 아리스토텔레스는 '앞서 있는 동안은 추월당하지 않겠지만, 통과하는 길이가 유한하다면 따라잡을 수 있다'라고 주장했다.

이 책은 현대의 관점에서 보면 '물리적 오류'가 많다. 실험이나 관찰 없이 사고실험을 바탕으로 쓰였을 것으로 짐작된다. 그러나 이것은 '이론물리학'적인 수법인 동시에 '철학자'로서 문제를 원리적으로 고찰했다고 볼 수 있다. 고대 그리스의 인물이면서도 현대에까지 영향력을 미치는 아리스토텔레스의 문장을 접하는 것만으로도 일독의 가치가 있다.

POINT

1. 아리스토텔레스가 자연현상에서 추론할 수 있는 것에 관해서 썼다.
2. 자연과학이라기보다 철학적 요소가 강하다.
3. 역설의 세계에서 유명한 '아킬레우스와 거북이'가 나온다.

29 『과학과 가설』 *La Science et l'hypothese* 1902

앙리 푸앵카레

분량 ●●○ 난이도 ●●●

『과학과 가설』, 고노 이사부로 옮김, 이와나미문고.
『과학과 가설』, 이정우 · 이규원 옮김, 에피스테메.

수학, 물리, 심리, 논리 등 광범위한 과학 분야에 정통한 저자의 근본 사상을 보여주는 책이다. '과학이란 무엇인가'라는 엄청난 문제를 명확히 밝혀주는 고전이다.

프랑스의 수학자, 물리학자, 과학철학자. 위상기하학에서 토폴로지 개념을 발견하고 푸앵카레 추측이라는 공적을 남기는 등 수학, 수리물리학, 천체역학 등의 분야에서 중요한 기본원리를 확립했다.

바이어스(편향)가 새로운 과학 연구를 낳는다

과학(자연과학)과 철학의 차이는 무엇일까? 전혀 다른 것으로 생각하는 사람도 많을 것이다. 하지만 고대 그리스에서는 피타고라스나 아리스토텔레스와 같은 철학자가 과학에 대해 부르짖고, 1687년에 출판된 뉴턴의 『프린키피아』(130쪽 참조)의 정식 명칭이 '자연철학의 수학적 원리'이듯이 철학과 과학은 구별 없이 사용되었다. 과학이 발전한 19세기에 처음으로 철학과 구별하게 된 것이다.

철학이란 '본질을 통찰함으로써 그 문제를 해명하기 위한 사고를 발견하는 행위', 과학은 '실험이나 관찰에 근거한 경험적 실증성과 논리적 추론에 입각한 체계적 정합성을 탐구하는 행위'이다. 또한 '철학은 인간적 [의미의 세계]의 본질을 탐구하는 데 반해 과학은 [사실의 세계]의 원리를 밝힌다'라고도 할 수 있다.

『과학과 가설』의 저자인 푸앵카레(Henri Poincare, 1854~1912)도 현대물리학 이전(상대성이론이나 양자역학 이전)의 인물이며 과학자이자 철학자다. 참고로 푸앵카레의 영향을 받은 드브로이도 『물질과 빛』(186쪽 참조)에서 과학과 철학의 관계를 이야기했다.

'과학은 객관적'이라고 주장하기도 하지만 과학 연구를 하는 사람을 포함해서 누구나 사물을 보는 관점에 바이어스(편향)를 가지고 있다. 그리고 그 바이어스가 새로운 과학 연구를 낳는다. 추측과 가정은 경험을 토대로 이루어진다. 그것을 배제한 채 관찰하고, 본 것을 설명하는 일은 우리에게 불가능하다. 즉 '순수한 객관성'은 있을 수 없다.

이 책에서 푸앵카레는 과학은 가설을 세우고 검증함으로써 진보해 왔다고 말한다. 수학과 물리(비유클리드기하학, 기하학, 고전 역학, 열역학, 확률, 광학, 전자기학 등)에서 어떤 식으로 가설을 이용하고 검증했는지 상세히 쓰여 있다. 이 책은 수식을 많이 사용하지 않고 글로써 설명하기 때문에 '과학철학'을 마음껏 맛볼 수 있다.

스스로 증명하지 못한 '푸앵카레 추측'

푸앵카레는 광학에 등장하는 빛을 전달하는 물질인 '에테르(ether)는 현실에 존재하는가?'라는 가설을 세우고 검증했다. 뉴턴을 비롯한 여러 인물이 등장해서 그들과 관련된 물리 현상을 이용하여 자세히 설명한다. 결론적으로 '에테르'의 존재는 편리한 가설일 뿐 쓸모없어 폐기될 날도 멀지 않았다고 예상했다.

이 책은 1902년 출판되었고, 1905년에 발표된 아인슈타인의 특수상대성이론에서 에테르는 완전히 부정당했다. 이렇게 푸앵카레에게는 선견지명이 있었지만 안타깝게도 1912년에 사망해서 현대물리학을 만날 수는 없었다. 만일 살아있었다면 무슨 말을 했을까?

수학자로서도 유명한 푸앵카레는 1904년에 위상기하학의 정리 중 하나인 '푸앵카레 추측'을 내놓았다. 이 문제는 푸앵카레를 포함하여 누구도 증명하지 못했고, 2000년에는 7개의 밀레니엄 현상 문제(미국의 크레이 수학 연구소에서 발표한 100만 달러 현상금이 걸린 문제)의 하나로 뽑혔다. 2003년에 러시아의 그리고리 페렐만이 증명했다고 발표하고 2006년에 인정받았다. 페렐만에게는 2006년에 필즈상이 수여되었으나 그는 수상을 거부하고 현상금 100만 달러도 받지 않았다.

푸앵카레는 이 책 이후에 『과학의 가치』, 『과학과 방법』, 『만년의 사상』 등을 간행했지만 가장 많이 인용된 『과학과 가설』이 근본적인 사상을 담고 있다고 할 수 있다.

또한 이 책과 유사한 책으로 많이 거론되는 것이 나카야 우키치로의 『과학의 방법』이다. 나카야의 책도 다양한 예를 들어가며 자연과학의 본질과 방법을 분석하여 현재의 과학으로 풀리는 문제와 풀리지 않는 문제를 가려내고 있다. 그리고 자연의 깊이와 과학의 한계를 알아야 다음 새로운 분야를 개척할 수 있다고 말한다. 이 책도 함께 읽어보면 과학에 대한 견해가 달라질 수도 있다.

POINT

1. 과학철학을 대표하는 고전으로 현대에서도 통용된다.
2. 푸앵카레의 세심한 가설 검증은 읽는 재미가 있다.
3. 현대물리학 이전의 내용이지만 전혀 고루하지 않다.

30 『레오나르도 다빈치의 수기』 *The Notebooks of Leonardo Da Vinci* 15~16세기경

레오나르도 다빈치

분량 ●●● 난이도 ●●○

『레오나르도 다빈치의 수기(상, 하)』, 스기우라 민페이 옮김, 이와나미문고.
『레오나르도 다빈치의 수첩』, 안중식 옮김, 지식여행.

저명한 화가이자 조각가, 건축가이면서 천문학, 물리학에도 조예가 깊었던 천재가 남긴 방대한 노트. 천재의 단면을 들여다볼 수 있는 책이다.

15~16세기에 피렌체, 밀라노, 로마를 거점으로 화가, 조각가로서 활동한 이탈리아의 대표적인 르네상스인이다. 회화작품 〈모나리자〉가 굉장히 유명하다. 미술 이외에도 기계 발명, 토목건축, 무기 개발 등 기술자로서도 활약했다.

5천 장의 수기를 '거울 쓰기'로 기록한 이유

과학의 고전을 소개한다면서 '레오나르도 다빈치?' 하고 의아하게 생각하는 사람도 많을 것이다. 레오나르도 다빈치(Leonardo da Vinci, 1452~1519)는 〈모나리자〉, 〈최후의 만찬〉 등 화가로서의 이미지가 강하다. 그러나 그는 음악, 건축, 수학, 기하학, 해부학, 생리학, 동·식물학, 천문학, 기상학, 지질학, 지리학, 물리학, 광학, 역학, 토목공학 등 다방면에 걸친 재능으로도 유명하다.

그림을 그릴 때도 해부를 통해 인간의 골격이나 근육의 모양을 이해한 다음 자연스럽게 보이도록 궁리했다고 한다. 다빈치는 과학적인 지식을 배경으로 다양한 분야에서 활약했다.

레오나르도 다빈치는 수기(手記)에 여러 가지 내용을 남겼다. 생각이 떠오르는 대로 적어둔 것인데 전체의 3분의2에 해당하는 약 5천 장의 메모가 프랑스, 이탈리아, 영국에 남아있다. 수기는 대부분 문장을 좌우 반전한 '거울 쓰기'로 기록했다. 그 이유는 레오나르도 다빈치가 비밀주의였기 때문이라는 설과 함께 왼손잡이여서 오른쪽에서 왼쪽으로 쓰는 것이 편했다는 이야기도 있다.

『레오나르도 다빈치의 수기』는 40년 동안 기록한 5천 장의 수기 가운데 현대인도 비교적 이해하기 쉬운 내용을 중심으로 구성되어 있다. 실제 수기에는 그림이 많다고 하는데, 일본어판에는 상하권 합쳐서 열 점밖에 없고 대부분 문장만 나온다. 다빈치의 그림에 관심이 있는 사람은 그림을 실어 출판한 책도 많으니 그 책을 보면 좋을 것 같다. 또한 영국의 대영도서관 홈페이지에서 그림이 들어간 수기 일부를 무료로 볼 수 있으니 꼭 참고해 주기를 바란다.[17]

현대에도 통하는 수많은 명언

이 책은 '인생', '문학', '회화', '과학', '기술'로 장을 나누어 정리했다. 각각의 문장은 짧아서 대부분 한 문장 혹은 몇 줄 정도로 그치는데 가끔 여러 페이지에 걸쳐 쓴 글도 있다. 전부 레오나르도 다빈치의 독창적인 아이디어는 아니고 그리스나 로마의 고전 또는 격언 등도 섞

17 레오나르도 다빈치의 수기가 일부 공개된 영국의 대영도서관 홈페이지:
https://www.bl.uk/turning-the-pages/?id=cb4c06b9-02f4-49af-80ce-540836464a46&type=book

여 있다. 하지만 천재의 마음을 움직인 글이자 현대에도 통하는 명언집이라고도 할 수 있다. 여기서는 장별로 그 특징과 수기의 내용을 발췌한다.

[인생]

현대인에게도 통하는 따끔한 충고로 가득하다.

"경험에 허구와 거짓된 증명으로 죄를 뒤집어씌워서 결백한 경험을 손가락질하는 것은 잘못되어도 한참 잘못된 일이다."

"식욕 없이 먹으면 건강에 해가 되듯이 욕망을 동반하지 않은 공부는 기억을 망가뜨리고 기억한 것을 보존하지 않는다."

[문학]

짧은 문장 속에 완성된 이야기가 들어있다.

"종이가 온통 잉크의 검은 점으로 뒤덮였다며 슬피 탄식했다. 그러자 잉크가 종이에게 이르기를 내가 당신 위에 써준 글이라는 것 덕분에 당신이 남아 있는 것이라오."

[회화]

화가를 향한 충고부터 원근법, 미에 대한 관점, 운동과 표정, 구도 등 전문적인 내용까지 쓰여 있다.

"주거–작은 집은 마음을 정돈하고 큰 방은 이것을 외면한다."

"인물을 그리려거든 그 인물이 마음에 품은 바를 충분히 표현할 만큼 동작을 그려야 한다. 그렇지 않으면 너의 예술은 칭찬받지 못할 것이다."

[과학]

15세기 즉 코페르니쿠스 이전에 쓰였기 때문에 근대 과학과는 동떨어져 있다. 하지만 레오나르도 다빈치는 이미 에너지의 전환과 보존, 중력의 법칙 등을 예언했으며 지동설도 제대로 파악하고 있던 것으로 알려졌다. 유체역학이나 연소에 대해서도 정확한 지식이 있었다니 레오나르도의 두뇌와 관찰력에 놀랄 따름이다.
고대 로마 시대에 편찬된 플리니우스의 『박물지』(208쪽 참조)까지 읽고 '바닷물은 왜 짤까'를 고찰할 때 인용하기도 했다.
수기에서는 해부도 중요한 내용이다. 자기 예술의 현실주의를 관철하기 위해서 육체의 표면뿐만 아니라 내부의 구성과 그 운동을 포착함으로써 '자연 그대로'의 인간을 그리려 했다.

"지혜는 경험의 딸이다."

"자연 속에는 원리 없는 결과는 무엇하나 존재하지 않는다. 원리를 이해하라, 그러면 너의 경험은 필요하지 않다."

"우선 과학을 연구하라. 그런 연후에 그 과학에서 생겨난 실제 문제를 추구하라."

"수학적 과학이 하나도 적응되지 않는 곳에서는 혹은 그 수학과 부합되지 않는 것에는 어떠한 확실성도 없다."

"태양은 움직이지 않는다."

"화염이 살아있지 않은 곳에는 호흡하는 생물도 살 수 없다."

[기술]

거리나 운하의 설계 같은 도시계획과 요새와 대포, 전술 등의 군사기술에 대해서 적고 있다.

"도로는 일반 가옥의 높이에 비례해서 넓혀야 한다."

"대포는 순동으로 만든 기계로 아르키메데스가 발명했다. 엄청난 굉음과 맹렬함으로 철탄환을 발사한다."

[편지와 메모]

정부와 귀족, 성직자, 후원자 등에게 보내는 편지 및 여행 메모, 마지막에는 유언장도 있다.

2019년은 레오나르도 다빈치의 사망 500주기가 되는 해여서 몇 년 전부터 관련 전시회가 열렸다. 그가 지금도 여전히 인기 있는 이유는 많은 사람을 사로잡는 신비한 힘이 있어서일 것이다. 개인적으로도 전시회에 가서 회화작품과 데생, 각종 기계 설계도 등 현대에도 가치를 인정받는 수많은 작품을 보고 다빈치의 천재성에 새삼 놀랐다. 그의 문장을 자세히 읽은 것은 이 책이 처음이었지만 알면 알수록 점점 더 팬이 될 수밖에 없었다. 여러분도 부디 레오나르도 다빈치의 세계를 경험해보시기를 바란다.

POINT

1. 5천 장의 수기에서 발췌하였으며 현대에도 통하는 명언이 많다.
2. 라틴어화 된 이탈리아어가 아니라 구어체로 쓰여 있다.
3. 문장을 대부분 거울 쓰기 한 이유는 확실하게 밝혀지지 않았다.

과학으로 세계를 탐구하는 과학책

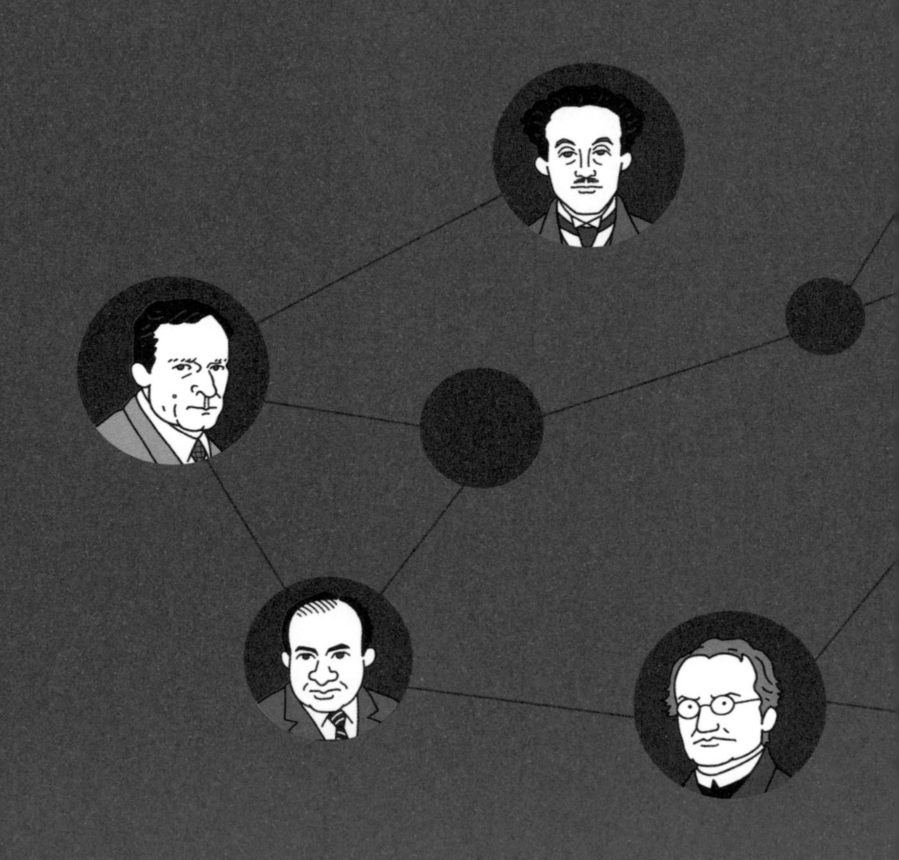

이 세상은 무엇으로 이루어져 있을까

『생명이란 무엇인가』 / 에르빈 슈뢰딩거

『컴퓨터와 뇌』 / 존 폰 노이만

『식물의 잡종에 관한 실험』 / 그레고어 멘델

『우주는 무엇으로 이루어졌는가』 / 무라야마 히토시

『성운의 왕국』 / 에드윈 허블

『우주의 구조』 / 브라이언 그린

『대륙과 해양의 기원』 / 알프레트 베게너

『물질과 빛』 / 루이 드브로이

31 『생명이란 무엇인가』 *What is Life?* 1944

에르빈 슈뢰딩거

분량 ●○○ 난이도 ●●●

『생명이란 무엇인가』, 오카 쇼텐 · 시즈메 야스오 옮김, 이와나미문고.
『생명이란 무엇인가』, 서인석 · 황상익 옮김, 한울.

물리학자가 생명의 본질을 탐구하기 위해 쓴 책으로 분자생물학의 효시가 되었다. 이후 많은 과학자에게 막대한 영향을 끼친 고전이다.

오스트리아의 물리학자. 파동 형식의 양자역학 '파동역학', 양자역학의 기본방정식인 슈뢰딩거 방정식 등을 고안하여 양자역학 발전에 공헌했다. '새로운 형식의 원자 이론을 발견'한 업적을 인정받아 노벨물리학상을 받았다.

수많은 과학자를 사로잡은 물리학자

화학과 출신으로서 슈뢰딩거를 접한 것은 대학교 1학년 '화학' 첫 수업 때였다. '파동방정식'이라는 난해한 식이 등장해서 대학교 수업의 난이도에 충격을 받았다. 화학과 입학생이 예고도 없이 맞닥뜨리게 되는 벽이 바로 이 '파동방정식'이다.

슈뢰딩거(Erwin Schrödinger, 1887~1961)는 양자론의 창시자 가운데 한 사람이다. 그는 '살아있는 고양이와 죽은 고양이는 절대로 공존할 수 없다'라고 하는 이른바 '슈뢰딩거의 고양이'로 알려진 사고실험을 통해서, 미국의 수학자 노이만(159쪽 참조) 등이 주장한 '인간의 의

식이 개입하여 미시적인 상태가 결정되는, 즉 관측하기 전까지는 반생반사의 고양이가 존재한다'라고 하는 확률해석을 비판한 인물이다. 이 문제는 양자론의 본질적인 해석과 관련되어 있으며 아직 통일되지 않았다. 이 희한한 양자의 세계에 관심이 생긴다면 오제키 마사유키의 『양자야 이것도 네가 한 일이니?』를 추천한다.

『생명이란 무엇인가』는 많은 과학자에게 영향을 주었다. 왓슨은 『이중나선』(22쪽 참조)에서 "크릭이 물리학을 떠나 생물학에 관심을 두게 된 이유는 『생명이란 무엇인가』를 읽었기 때문이다"라고 말했다. 후쿠오카 신이치 또한 『생물과 무생물 사이』(35쪽 참조)에서 왓슨과 크릭, 윌킨스가 생명의 수수께끼를 탐구하고자 결심한 계기로 이 책을 꼽았다.

1944년에 출판된 강의록이 과학자들을 매료시키는 까닭은 무엇일까? 왓슨과 크릭이 DNA의 구조를 밝혀낸 것은 1953년이었다. 이 책은 그보다 약 10년 앞서 간행되어 유전자 구조 등이 해명되기 전임에도 불구하고 분자생물학적인 내용이 전혀 뒤떨어지지 않았다.

『생물과 무생물 사이』를 먼저 읽고 이 책을 읽으면 더 잘 이해된다. 그러나 『생명이란 무엇인가』의 일본어판 역자인 물리학자 시즈메 야스오는 역자 후기에서 "본문에 나오는 '부의 엔트로피'라는 말이 오류와 혼란을 조장한다"라고 하면서 『생물과 무생물 사이』를 예로 들었다. 논쟁에는 끝이 없다.

이 책에서 꼭 읽어야 할 내용 중 하나는 저자의 철학적 견해가 담긴 에필로그다. "또한 평범한 사람이라도 진짜 연인끼리 상대방의 눈을 서로 지그시 바라볼 때 두 사람의 사상과 두 사람의 환희는 문자 그대로 하나가 되고……"라는 글이 나온다. 이 문장에서 무엇이 느껴지는가?

과학자라고 하면 연구실에서 과묵하게 연구에 몰두하는 이미지가 떠오르겠지만 슈뢰딩거는 그런 과학자상을 깨부순다. 여성 편력이 심해서 아내가 있는데도 애인을 여러 명이나 두었다. 어떤 여자와의 사이에서 낳은 아이는 아내가 키우고 다른 애인과 낳은 아이는 그 애인과 애인의 남편에게 떠맡겼다고 한다. 슈뢰딩거가 양자론과 다중우주의 가능성을 모색한 것도 이해가 간다.

POINT

1. 1944년에 출판된 강연록으로 과장된 비유가 많다.
2. 물리학자인 저자가 생물학의 기초적인 개념을 설명했다.
3. 이 책은 왓슨과 크릭 같은 수많은 과학자를 사로잡았다.

32 『컴퓨터와 뇌』 *The Computer and the Brain* 1958

존 폰 노이만

분량 ●○○ 난이도 ●●●

『컴퓨터와 뇌』, 시바타 야스시 옮김, 지쿠마학예문고.
국내 미출간.

컴퓨터와 스마트폰 개발에 기여한 저자가 수학자의 관점에서 뇌의 구조를 고찰했다. 현대 컴퓨터의 기본 원리를 이해하기에 아주 좋은 책이다.

헝가리 태생의 미국인 수학자. 수학, 물리학, 공학, 컴퓨터공학, 경제학, 기상학, 심리학, 정치학에 영향을 준 20세기 과학사에서 가장 중요한 인물 가운데 한 사람이다. 원자 폭탄이나 컴퓨터 개발에 관여한 것으로도 유명하다.

컴퓨터의 99%는 '노이만 방식'

현대를 살아가는 데 없어서는 안 될 스마트폰과 컴퓨터는 어떻게 작동하는 것일까?

그 작동 원리를 고안해낸 사람이 『컴퓨터와 뇌』의 저자 폰 노이만(John von Neumann, 1903~1957)이다. 노이만은 헝가리 태생의 천재 수학자로 IQ가 인류 역사상 가장 높은 300이었고, 어렸을 때 전화번호부를 통째로 암기해서 이름과 전화번호, 주소를 모두 맞췄으며 8세 때 미적분을 풀었고 44권이나 되는 역사책을 모조리 외웠다고 한다.

노이만은 양자역학이나 게임 이론과 같은 수학 분야뿐만 아니라 물리학, 기상학, 경제학, 컴퓨터공학 등의 분야에서 눈부신 업적을 남겼으며 원자 폭탄 개발에도 관여했다.

현대의 컴퓨터는 99%가 노이만이 개발한 '노이만 방식'으로 작동한다고 알려졌다. '노이만 방식'에 대해서는 어느 정도 배경지식이 있긴 했지만, 20세기 전반에 살았던 사람과 컴퓨터가 어떤 연관이 있는지 늘 궁금했던 사람으로서 꽤나 흥미롭게 읽었다.

세계 최초의 컴퓨터는 미 육군의 탄도 계산 등에 사용된 에니악(ENIAC)으로, 약 1만 8천 개의 진공관을 케이블로 연결하여 계산했다. 프로그램을 변경할 때마다 배선도 함께 변경했기 때문에 책에서는 '플러그 제어' 방식이라고 이름 붙였다. 이 방식은 '플러그 교체'에 시간과 기술이 요구되었다.

그에 반해 노이만과 그 연구 그룹이 개발하여 1945년에 보고서로 발표한 에드박(EDVAC)은 '프로그램 내장 방식' 컴퓨터이다. 나중에 이것은 '노이만 방식'으로 불리게 된다.

노이만 방식은 제어부에 프로그램을 입력하고 연산부에서 계산하게 하는 방식이다. 현재의 컴퓨터는 CPU(중앙연산처리장치)에 전부 통합되어 작동한다. 요컨대 노이만 등은 실제로 컴퓨터를 만든 것이 아니라 원리를 생각해낸 것이다.

실제로 에드박이 가동되기 시작한 것은 1951년이며, 그보다 앞서 영국에서 1948년 소규모 실험 기계(Small-Scale Experimental Machine; SSEM)나 1949년의 에드삭(EDSAC)과 같은 노이만 방식 컴퓨터가 가동되었다.

현대 컴퓨터의 원리를 개발하다

이 책의 1부 '컴퓨터'에서는 아날로그 컴퓨터와 디지털 컴퓨터의 차이에 관해서 설명한다. 그런 다음 '플러그 제어'부터 '기억 장치에 의한 제어(노이만 방식)', 그리고 정밀도와 속도를 높이기 위해서 해결해야 할 문제점을 이야기한다.

2부 '뇌'에서는 뇌와 디지털 컴퓨터의 유사성을 이야기한다. 뇌가 일을 할 때는 뉴런(신경세포)에 전기 신호인 '신경 임펄스'가 흘러서 정보가 전달된다. 이 신경 임펄스의 전달 여부를 결정하는 뇌의 시스템이 디지털 컴퓨터의 작동 방식 및 역할이나 기능을 특정하는 방법과 동일하다고 한다. 이와 같은 내용을 바탕으로 뇌와 컴퓨터의 연관성을 풀어나간다.

이 책은 수식을 거의 사용하지 않고 오직 말로써 컴퓨터와 뇌의 개념을 설명한다. 그 시대에 컴퓨터의 기초 원리를 생각해 낸 노이만도 대단하지만, 그 원리를 이해하고 현대의 컴퓨터로 진화시킨 과학자들도 칭찬받아 마땅하다.

이 책에 대한 글을 쓰기 전에 먼저 CPU가 무엇인지 알아봤다. 평소 아무 생각 없이 사용하는 컴퓨터와 스마트폰 안에는 CPU가 필수적으로 내장되어 있으며, 노이만 등이 연구한 원리에 따라서 회로가 설계되어 작동하고 있다.

'노이만 방식'을 채용한 현대의 PC나 스마트폰을 보면 노이만은 분명히 놀랄 것이다. 그는 에드박이 완성되었을 때 "나 다음으로 계산을 빨리하는 녀석이 생겼군"이라고 말했다고 한다. 그런 사람이니 현대의 컴퓨터를 보면 '이제야 시대가 날 따라잡았군'하고 말할지도 모르겠다.

POINT

1. 노이만이 죽고 난 뒤에 미완성 강연 원고를 책으로 펴냈다.

2. 1부는 '컴퓨터', 2부는 '뇌'에 대해서 쓰여 있다.

3. 컴퓨터의 기본 원리에 관한 내용으로 현대 사회에도 영향을 주고 있다.

33 『식물의 잡종에 관한 실험』 *Versuche über pflanzen-hybriden* 1866

그레고어 멘델

분량 ●○○ 난이도 ●●●

『잡종 식물의 연구』, 이와쓰키 구니오 · 스하라 준페이 옮김, 이와나미문고.
『식물의 잡종에 관한 실험』, 신현철 옮김, 지식을만드는지식.

고등학교 생물 교과서에도 등장하는 완두콩 교배실험에서 도출해낸 '유전의 법칙'. 당시 저자의 논문은 관심을 얻지 못했으나 사후에 주목받게 된다.

오스트리아의 사제이자 생물학자. 식물학 연구에서 '멘델의 법칙'으로 불리는 유전 관련 법칙을 발견했다. 다윈의 진화론과 견줄만한 대발견이었으나 사후에야 학계의 인정을 받았다. 유전학의 아버지로 불린다.

잘못된 것과는 타협하지 않는다

멘델(Gregor Mendel, 1822~1884)은 '유전의 법칙'을 발견한 인물이다. 생물 교과서에 나오는 완두콩 교배실험을 기억하는가?

완두콩에는 둥근 종자와 딱딱하게 주름진 종자가 있다. 두 종자를 교배하면 자손 종자는 어느 쪽의 형질을 띠는지 그 비율을 분석함으로써 어버이로부터 형질을 물려받는 유전이 존재한다는 사실을 밝혀냈다.

멘델은 신부이다. 왜 신부가 유전을 연구했을까?

『식물의 잡종에 관한 실험』은 멘델이 발표한 논문이라서 본문에는

완두콩 교배실험으로 유전의 법칙을 발견

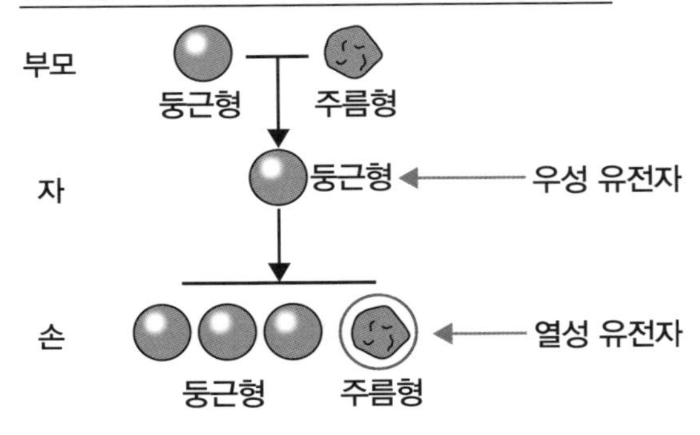

➡ 손자 세대에서는 우성 유전자와 열성 유전자가 대략 3 : 1의 비율로 출현한다

그 답이 나오지 않는다. 다만 역자가 '멘델의 생애'와 '유전의 법칙'에 대해서 해설한 내용이 있으므로 해설부터 읽기를 추천한다.

멘델은 1822년에 현재의 체코에서 태어났다. 교육열 높은 가정에서 자라 성적은 우수했지만 그다지 유복하지는 않았다. 그래서 공부를 계속하기 위해 수도원으로 들어갔고, 그곳에서 우수한 성적을 거두어 수도사가 되었다.

하지만 건강을 해쳐 신부로서는 활동할 수 없게 되면서 교사의 길을 추천받고 교사 자격시험을 보지만 구두시험에서 낙방했다. 그러나 대학에서 공부할 기회를 주어야 한다는 시험 위원장의 권고로 수도원에서 빈대학교로 파견된다.

꿈에 그리던 대학에 진학한 멘델은 물리학, 수학, 화학, 동물학, 식

물학, 식물생리학, 고생물학 학위를 취득했다. 빈대학교에서 유학을 마치고 수도원으로 돌아와서는 물리학과 자연사를 가르쳤으며 이 무렵부터 완두콩 연구를 시작했다. 교원 자격시험에 재도전했으나 또다시 구두시험에서 떨어진다. 자격증이 없는 임시교사 신분이었음에도 학생들로부터는 존경을 받은 듯하다.

1865년에 완두콩 연구 결과를 발표했지만, 당시에 논문은 평가받지 못했다. 그 후 수도원장 자리에 올라 바쁘게 지내면서 연구로부터 멀어진 채 1884년 사망했다.

만년의 멘델은 수도원장으로서 수도원 재산에 특별 세금을 부과하는 법령에 혼자서 끝까지 반대했다. 구두시험에서 두 번이나 낙방한 것도 어쩌면 시험관과 언쟁을 벌인 탓이 아닐까. 잘못된 것과 타협하지 않겠다는 과학자로서의 자질이 확연히 드러나는 부분이다.

주목받지 못한 논문, 공격 대상도 되지 못하다

멘델 이전의 연구는 기껏 실험한 내용을 잡종 자손에게 나타나는 '형질'의 차이로만 구별하여 정리했을 뿐 '수'로 정리하지는 않았다. 그래서 멘델은 물리학을 공부한 경험을 살려서 가설과 검증을 이용한 해석적 연구 방식으로 논문을 완성했다.

이 책은 1866년에 브르노 자연과학회지에 발표된 해당 논문을 정리한 것이다. 따라서 수많은 데이터와 수식으로 멘델의 법칙을 설명한다. '유전의 법칙'에 관한 사전 지식이 있으면 쉽게 이해되지만, 이 책만 읽고 처음부터 이해하기는 어렵다.

지금은 이 논문이 유전을 규명한 최초의 보고서로서 평가받고 있으나 발표 당시는 전혀 주목받지 못했다. 그래서 공격의 대상도 되지 않았다. 멘델이 지향했던 과학적으로 엄밀하게 검증된 결과보다는, 1868년에 출판된 다윈의『종의 기원』에 미처 실리지 못한『사육 재배 동식물의 변이』와 같은 글이 당시로써는 더 쉽게 받아들여졌을 것이다. 그렇다고 완전히 무시당한 것도 아니어서 또 다른 논문에 인용되어 1881년 출판된『브리태니커 백과사전』에도 실렸다. 멘델은 40부의 논문 발췌본을 만들었다고 한다.

사후에 논문이 인용되어 재평가되다

멘델의 법칙은 1900년에 휴고 더 브리스, 카를 코렌스, 에릭 폰 체르마크에 의해서 재발견되었다. 그들의 논문에 멘델의 논문이 인용되면서 관심이 쏠린 것이다. 멘델의 이름을 넣어 '멘델의 법칙'(Mendelism)으로 명명한 사람은 코렌스였다.

논문이 재평가받은 이후로 멘델에 대한 평가도 급속히 높아졌다. 유전학 자체가 생물의 핵심으로 발전함에 따라 그 업적을 새롭게 재검토하려는 움직임이 활발해졌다. 그리고 유전학은 DNA의 발견과 함께 더욱 발전해 나갔다.

개인적으로도 고등학교 시절 유전의 법칙을 배우면서 그 체계적인 규칙에 감동했었다. 물론 예외도 많기는 하지만 생물체란 얼마나 신비하고 계통적인지 감탄했던 기억이 떠오른다.

POINT

1. 논문에서 발췌하여 출판했기 때문에 표와 수식을 이용한 설명이 많다.
2. 발표 당시에는 비판의 대상조차 되지 못했으나 훗날 유전학의 발전에 공헌했다.
3. 이 책을 이해하기 위해서는 '유전의 법칙'에 대한 지식이 필요하다.

34 『우주는 무엇으로 이루어졌는가』 2010

무라야마 히토시

분량 ●●○ 난이도 ●●○

『우주는 무엇으로 이루어졌는가』, 겐토샤신서.
국내 미출간.[18]

물질을 이루는 가장 작은 단위인 소립자. 그 기본을 알기 쉽게 설명하면서 '우주는 어떻게 시작되었고 앞으로 어떻게 될 것인가'라는 인류의 영원한 궁금증을 밝힌다.

1964년 출생. 도쿄대학교 대학원 박사 과정을 수료했으며 전공은 소립자물리학이다. 도호쿠대학교 조교 등을 거쳐서 2000년부터 캘리포니아대학교 버클리 캠퍼스 교수로 재직 중이다. 도쿄대학교 수학물리연대 우주연구기구(IPMU)의 초대 소장을 지냈다.

현대물리학의 입문서

베스트셀러여서 한참 전에 사기만 하고 그대로 책꽂이에 꽂아만 두었다가 이 원고를 기회 삼아 완독했다. 결론부터 말하면 더 빨리 읽을 걸 하고 후회했다.

『우주는 무엇으로 이루어졌는가』라는 제목을 보고 우주나 호킹 박사 이야기를 예상하면 안 된다. '무엇으로 이루어졌는가'라는 제목 그

18 대신 중성미자에 관해 쓴 『왜, 우리가 우주에 존재하는가?』와 암흑물질, 암흑에너지, 다원 우주 등을 다룬 『우주가 정말 하나뿐일까?』가 국내에 출간되어 있다. 무라야마 히토시가 펼치는 우주론이 궁금하다면 찾아볼 것.

대로 우주 자체가 아닌 우주를 이루고 있는 물질에 관한 이야기다. '소립자물리학으로 푸는 우주의 수수께끼'라는 부제에서 물질을 구성하는 소립자에 관한 내용임을 알 수 있다.

이 책은 절묘한 제목 덕분에 전문적인 내용인데도 딱딱한 느낌이 들지 않는다. 베스트셀러가 된 데에는 제목도 한몫하지 않았을까 생각한다. 아무튼, 책 내용으로 넘어가 보자.

이 책을 간단히 정리하면 20세기에 발전한 상대성이론이나 양자역학, 전자기학 같은 현대물리학의 역사와 그 이론을 알기 쉽게 설명해주는 '현대물리학 입문서'이다.

우주의 크기는 어느 정도일까? 지구의 지름이 10000000m=10^7m라면 은하계는 0이 20개 붙은 10^{20}m이고 우주 전체는 10^{27}m로 간주한다. 그에 비해 물질을 구성하는 원자의 크기가 0.0000000001m=10^{-10}m라고 한다면 원자를 구성하는 더 작은 소립자는 10^{-35}m로 간주된다.

말하자면 이 책은 초거대 우주를 연구하기 위해 초극소의 소립자를 연구한다는 개념에 바탕을 두고 있다. 저자는 그것을 '우주라는 머리가 소립자라는 꼬리를 삼키고 있다'라고 표현하고 마치 자기 꼬리를 물고 있는 '우로보로스 뱀' 같다고 말했다.

이 책의 주제는 두 가지다. '물질은 무엇으로 이루어졌는가?' 그리고 '물질을 지배하는 기본 법칙은 어떤 것인가?' 이 주제에는 여러 세계가 뒤얽혀 있다.

예를 들어 '태양은 무엇으로 이루어졌는가'에 대해 조사하려면 어떻게 해야 할까? 실제로 태양에 가서 물질을 채취하면 알 수 있겠지만 그것은 불가능하다. 현재의 기술로는 태양에서 지구로 오는 '빛'의 파장을 분석함으로써 태양을 이루는 물질을 알아낼 수 있다.

또한 지금의 기술력으로 우주를 이해하려면 지구로 쏟아져 내리는 '중성미자'(neutrino) 등의 무수한 소립자를 검출해야 한다. 하지만 문제가 있다. 우주에 존재하는 원자와 같은 보통 물질은 단 4퍼센트에 불과하고 '암흑물질'(dark matter)이 23퍼센트를 차지한다. 이 암흑물질은 시속 80만 킬로미터라는 엄청난 속도로 움직이는 태양계를 유지하기 위해 꼭 필요하다고 여겨지는 물질이다.

만약 암흑물질을 규명했다 하더라도 여전히 부족하다. '암흑에너지'(dark energy)라 불리는 나머지 73퍼센트에 대해서는 훨씬 더 알려진 바가 없다. 다만 우주의 팽창 속도가 가속된다는 사실을 설명할 때 필요하다고만 알려졌다.

우주에서 오는 '빛'을 관찰하면 현재도 우주가 팽창하고 있음을 알 수 있다. 그 덕분에 우주의 기원이 '빅뱅'이라는 점이 확실해졌는데 그렇다면 증거는 있을까?

그렇다. 빅뱅으로부터 38만 년이 지난 후에 생긴 마이크로파를 검출하여 증명할 수 있었다. 이렇게 우주의 빛에 초점을 맞춤으로써 우주의 역사를 거슬러 올라가 초기에 벌어진 일을 밝혀내었다. 그러나 이 또한 한계가 있었다.

빅뱅 즉 우주의 탄생 이후에는 38만 년이라는 벽이 존재하고, 빅뱅 이전의 우주는 고에너지의 뜨거운 '불덩이' 상태로 빛조차 통과하지 않았기 때문이다. 그래서 등장한 것이 '소립자물리학'이다.

소립자를 발견하기까지의 역사

이후 내용은 소립자를 발견하기까지의 역사와 성질에 관한 이야기로 옮겨 간다. 소립자의 발견에 상대성이론과 양자론이 얽혀있어서 '물질을 지배하는 기본 법칙'을 발견한 20세기 현대물리학의 역사와도 중첩된다.

'빛'이란 무엇이고 '전자'란 무엇일까? 원자를 구성하는 것은 양성자나 중성자, 전자이고 이들은 다시 쿼크(quark)나 중성미자와 같은 소립자로 구성되어 있다.

그렇다면 소립자는 몇 개가 있고 어떤 성질을 띠며 누가 어떻게 발견했을까? 이야기는 소립자의 세계를 더 깊이 파헤쳐 간다. 그곳에는 수많은 과학자가 연관되어 있었다. 일본인 최초로 노벨상을 받은 유카와 히데키를 비롯하여 에사키 레오나, 고시바 마사토시, 마스카와 도시히데, 고바야시 마코토 같은 노벨상 수상자들의 이름도 등장한다.

이 책은 '상대성이론', '양자론'과 같은 현대물리학을 소립자라는 새로운 관점에서 정리하였기에 쉽게 이해할 수 있었다. 저자는 '20세기는 물리학의 세기였다고 해도 과언이 아니다'라고 말하지만, 난해한 현대물리학을 일반인이 배우기에는 가장 좋은 입문서이다.

마지막에는 최신 물리학 연구와 앞으로의 우주 연구에 대해서 언급한다. 책을 읽어 나갈수록 더 어렵게 느껴지는 이유는 내용이 심화되기 때문이다. 그만큼 최신 연구가 복잡해진 데다가, 독자들이 지식을 쌓아서 마음의 양식으로 삼기를 바라는 저자의 생각이 조금 강하게 작용한 듯하다.

POINT

1. 2010년 출판된 베스트셀러이다.
2. 우주의 역사를 소립자라는 측면에서 설명한 획기적인 책이다.
3. 수식이 거의 나오지 않아서 이과 지식이 없는 사람도 읽기 쉽다.

35 『성운의 왕국』 *The Realm of the Nebulae* 1936

에드윈 허블

분량 ●●○ 난이도 ●●●

『은하의 세계』, 에비스자키 도시카즈 옮김, 이와나미문고.
『성운의 왕국』, 장헌영 옮김, 지식을만드는지식.

현대 우주론의 기초를 확립한 천문학자가 거대 망원경으로 관찰하고 연구한 내용을 토대로 은하와 우주의 미스터리에 다가간다. 현대 우주관의 기준이라고도 할 수 있는 저작이다.

미국의 천문학자. 근대를 대표하는 천문학자 중 한 사람으로 현대 우주론의 기초를 쌓았다. 은하계 밖에도 은하가 존재하며, 그들 은하로부터 오는 빛이 우주 팽창에 따라서 적색이동하고 있다는 사실 등을 발견했다.

상대성이론의 타당성을 증명한 '우주 팽창의 발견'

허블이라는 이름을 듣고 가장 먼저 떠올린 것은 '허블우주망원경'일 것이다. 위대한 천문학자 허블(Edwin Hubble, 1889~1953)을 기념하여 이름 붙여진 이 우주 망원경은 1990년에 우주 왕복선에 실려 우주로 쏘아 올려졌으며 지상에서 약 6백 킬로미터 상공 위의 궤도를 돌고 있다.

우주 망원경은 지구 대기의 영향을 받지 않기 때문에 선명한 화상을 촬영할 수 있다. 또한 지구상에서는 포착하기 어려운 적외선이나 자외선 등도 관측한다. 허블이 망원경에 직접 관여하지는 않았지만, 허블우주망원경으로 발견한 별로 인해 생전에 세웠던 가설이 증명되었으므로 마땅히 허블의 연구를 계승했다고 할 수 있다.

『성운의 왕국』은 1935년 가을 예일대학교에서 일반 청중을 상대로 열린 실리만 강좌를 기록한 강의록이다. 천문학자이자 이 책의 일본판 역자인 에비스자키는 이렇게 말했다. "은하와 우주에 관계된 현대 천문학의 모든 것이 이미 여기에 쓰여 있다." 허블은 근대 천문학의 기초를 쌓은 천문학자로서, 그 당시 관점에서 바라본 우주론 전체가 책에 응축되었다고 해도 과언이 아니다.

허블의 중요 업적으로는 '허블 분류의 발명', '은하 안의 변광성 발견', '우주 팽창의 발견'이 있다. 특히 '우주 팽창의 발견'은 훗날 '허블-르메트르 법칙'(구 허블의 법칙)으로 불리며 '빅뱅이론'의 실마리가 되었다.

이 책의 5장에서는 '우주 팽창'에 대한 이야기가 나온다. 다만 직접적인 언급은 없고 '멀리 있는 은하일수록 빠른 속도로 멀어지는 것을 발견했다'라고만 되어 있다.

이 발견은 아인슈타인의 연구에도 큰 영향을 미쳤다. 아인슈타인은 일반상대성이론을 적용하여 중력 등의 영향으로 우주가 수축한다는 사실을 밝혀냈다. 그러나 1971년 당시에는 우주의 크기가 불변한다고 여겼으므로 이를 보정하기 위해서 우주항(일반상대성이론에 근거한 중력장 방정식에 도입된 항)을 식에 추가했다.

그 후 1929년에 허블이 우주가 팽창하고 있다는 것을 증명하자 아인슈타인은 자신의 오류를 인정하고 허블에게 감사를 전했다. 왜냐하

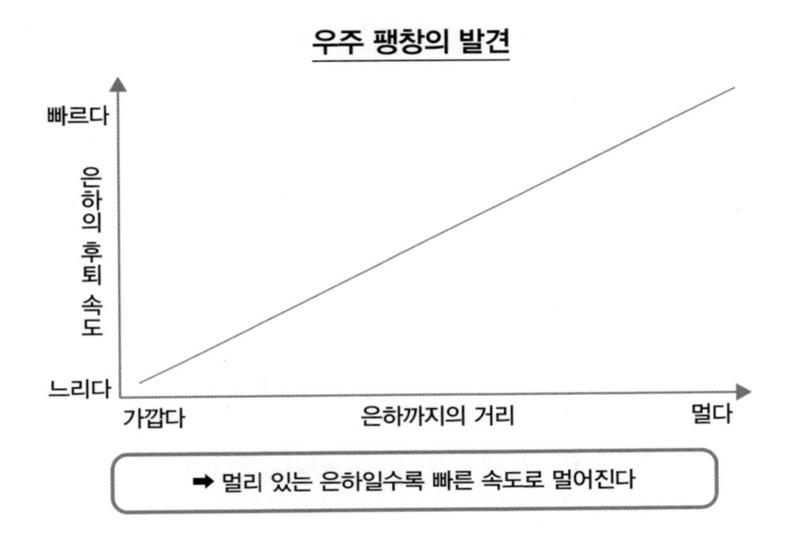

면 일반상대성이론이 옳다는 사실을 관측으로써 증명해 주었기 때문이다. 허블의 '우주 팽창' 발표 이후 미국의 물리학자 가모브는 '우주는 고온, 고밀도의 작열 상태에서 팽창하여 현재에 이르렀다.'라고 주장하며 1948년에 우주의 시작을 알리는 '빅뱅이론'을 내세웠다. 그 뒤로 1965년에 우주 마이크로파 배경 복사가 발견되면서 현재는 '빅뱅이론'이 지지를 받고 있다.

방대한 데이터가 이끈 새로운 발견

별까지의 거리는 어떻게 조사해야 할까? 이 내용은 요네자와 후미코의 『헤우레카 손에 잡히는 물리』 허블 편에 알기 쉽게 해설되어 있으므로 참고해 보기를 바란다. 허블의 법칙에 대한 설명도 나와 있다.

『성운의 왕국』에는 많은 데이터가 실려 있다. 그리고 그 데이터를 바탕으로 허블이 어떻게 고찰했는지 잘 보여준다. 역자는 '전문가가 아니더라도 아주 재미있게 읽을 수 있으니 셜록 홈스처럼 은하와 우주의 수수께끼를 풀어가는 허블의 정교한 추리를 즐겨보기 바란다'라는 말을 남겼지만, 지식이 전혀 없는 상태에서는 역시 어렵다.

다행히 지금은 해설서가 여러 권 출판되어 있으므로 대조해 가면서 읽다 보면 허블이 답을 찾아가는 모습을 함께 즐길 수 있을 것이다.

현재와 비교하면 당시의 관측 기기는 정밀도가 낮고 사용하기 불편했다는 사실을 쉽게 상상할 수 있다. 그런데도 꾸준히 관측하고 방대한 데이터를 통해 여러 가지 발견을 이뤄낸 허블의 열의와 노력에 감탄이 절로 나온다.

POINT

1. **1935년 예일대학교 강의록을 책으로 펴낸 것이다.**
2. **저자는 현대 우주론의 기초를 확립하고 많은 중요한 발견을 했다.**

36 『우주의 구조』 *The Fabric of the Cosmos* 2009

브라이언 그린

분량 ●●● 난이도 ●●○

『우주를 구성하는 것(상, 하)』, 아오키 가오루 옮김, 소시샤문고.
『우주의 구조』, 박병철 옮김, 승산.

뉴턴 이후 물리학 최대의 수수께끼가 된 '시간과 공간'의 역사와 현재를 그려냈다. 초끈이론으로 유명해진 저자가 설명하는 최신 우주론이다.

미국의 물리학자. 컬럼비아대학교 물리학, 수학 교수로 연구의 제일선에서 활약하고 있다. 최첨단 물리학을 쉽게 설명할 수 있는 몇 안 되는 물리학자로서 초끈이론을 해설한 저서 『엘러건트 유니버스』는 전 세계 베스트셀러가 되었다.

〈심슨 가족〉으로 배우는 우주 이론

이제까지 우주에 관한 명저를 여러 권 소개했다. 특히 현대 우주론인 『시간의 역사』(30쪽 참조)와 『우주는 무엇으로 이루어졌는가』(168쪽 참조)는 접근방식이 같다.

미리 말하자면 브라이언 그린(Brian Greene, 1963~)의 『우주의 구조』는 다른 두 책보다 문장의 양과 내용이 모두 어마어마하다(무려 752쪽이다). 따라서 앞의 두 권을 먼저 읽고 우주의 지식을 입력한 다음 이 책을 읽으면 이해하는 데 도움이 될 것이다.

『우주의 구조』는 2009년 기준으로 최신 우주론을 정리한 책이다.

2016년에 문고판이 나오면서 2012년 발견된 힉스 입자나 2015년에 검출된 중력파에 관한 코멘트가 추가되긴 했지만, 초판에서도 이미 예견된 바 있으니 결코 한물간 내용은 아니다.

미국의 인기 애니메이션 〈심슨 가족〉과 드라마 〈엑스 파일〉, 톨스토이의 『전쟁과 평화』(제본되지 않은 『전쟁과 평화』의 원고를 허공에 뿌리는 실험을 언급) 등을 소재 삼아 난해한 이론을 일반인도 알기 쉽게 친절히 설명해준다. 책이 두꺼운 이유도 그래서다. 특히 전반부는 읽는 재미가 있다. 그러나 최신 우주론이 나오는 후반부터는 쉽게 설명하려는 의도는 느껴지지만 역시나 어렵다.

'우주는 공간과 시간으로 이루어져 있다.' 이것이 바로 책의 주제이다. 우주론의 역사를 따라 그것을 규명해 나간다.

처음으로 뉴턴이 등장한다. 뉴턴의 이름이 거론되지 않는 현대물리학 서적은 없다. 뉴턴은 아주 적은 수식만을 사용해서, 지구상의 운동과 천체의 운동에 관해 당시까지 알려졌던 모든 내용을 통일하여 고전물리학을 확립했다. 다만 공간과 시간은 불변하는 실체라고 주장했다. 아인슈타인도 현대물리학의 단골이다. 상대성이론을 발표하고 공간과 시간이 늘어나거나 줄어들거나 휜다는 내용을 밝혀 현대물리학을 확립했다.

그런데 그때 양자역학이 등장한다. 물리학자의 꿈은 자연계의 이론을 하나의 식으로 이끌 수 있는 통일장이론을 선도하는 것이다. 아인슈타인도 상대성이론을 확립한 뒤 여기에 남은 인생을 쏟아부었지만 이루지 못했다. 통일장이론의 최대 장애물이 바로 일반상대성이론과 양자역학이다.

20세기 물리학의 위대한 성과인 두 이론은 근본적으로 충돌했다. 이 둘을 합쳐서 계산하면 큰 오차가 생기고 만다. 그래서 과학자들은 크고 무거운 물체를 연구할 때는 일반상대성이론을 이용하고, 작고 가벼운 물체에는 양자역학을 적용하여 문제를 해결해 왔다. 그러나 이런 방식에 반대하는 연구자가 조금씩 나타나면서 현재 통일장이론의 가장 유력한 후보로 제시된 것이 '초끈이론'이다. 초끈이론이란 '물체를 최소화한 궁극의 구성단위는 끈 상태의 물질이다.'라고 하는 이론이다.

'타임머신'은 실현 가능한가?

이어서 물을 담은 양동이 실험을 보여주고 뉴턴, 아인슈타인이 주장한 이론에 관해 설명해 나간다. 수식이 전혀 나오지 않아서 쉽게 이해된다. 여기서는 고전물리학에서 현대물리학으로 발전하는 데 관여한 마흐와 제임스 맥스웰도 등장한다. 물론 〈심슨 가족〉도!

6장에서는 질서 정연했던 상태가 시간이 지날수록 점점 난잡해진다는 '엔트로피 증가의 법칙'에 대해서 빅뱅과 연관 지어 이야기를 전개한다.

후반부에는 힉스장이나 빅뱅 이전에 일어난 '급팽창 이론' 같은 최신 우주론까지 이야기를 확장한다. 더 나아가 '끈이론'에서 발전한 '초끈이론'으로 화제를 옮겨서 최신 우주론의 복잡다단한 면을 들여다보게 된다.

제15장의 '텔레포트와 타임머신'은 독자들도 궁금한 내용일 것이다. 물체가 순간이동하는 텔레포테이션은 가능할까? 미래로 가려면 광속의 99.9999999996퍼센트라는 터무니없는 속도로 움직이는 운송수단을 만들면 가능하다고 한다. 타임머신으로 시간을 이동했을 때 일어나는 패러독스, 예를 들어 과거로 돌아가 부모님의 만남을 방해하면 자신이 태어날 수 없게 되는 일이 정말로 일어날까? 와 같은 주제는 대단히 흥미진진하다.

POINT

1. 친근한 예를 들어 최신 우주론을 알기 쉽게 설명한다.

2. 뉴턴부터 초끈이론까지 현대물리학의 변천사를 배울 수 있다.

37 『대륙과 해양의 기원』 *Die Entstehung der Kontinente und Ozeane* 1915

알프레트 베게너

분량 ●●● 난이도 ●●●

『대륙과 해양의 기원』, 다케우치 히토시 옮김, 가마타 히로키 해설, 고단샤블루백스.
『대륙과 해양의 기원』, 김인수 옮김, 나남.

현대 지구과학의 기초 이론으로서 중요한 위치를 차지하는 '대륙 이동설'은 어떻게 시작되었을까? 연구자의 위대한 아이디어와 공적을 간접 체험해 볼 수 있는 책이다.

독일의 지구물리학자이자 기상학자. 1908년부터 마르부르크대학교에서 학생들을 가르쳤으며 1924년에 오스트리아의 그라츠대학교 교수로 취임했다. 지질학, 고생물학, 고기후학 등의 자료를 토대로 대륙 이동설을 제창했다.

생전에는 인정받지 못한 '대륙 이동설'

대륙 이동설을 처음 접한 것은 초등학교 국어 교과서에 나온 베게너(Alfred Wegener, 1880~1930)에 관한 글을 읽었을 때였다. 남아메리카 동쪽과 아프리카 서쪽의 형태가 대체로 일치한다는 글이었는데, 교과서에 실린 세계 지도를 보니 정말로 퍼즐처럼 들어맞을 것 같았다. 땅덩어리가 움직인다는 사실에 충격을 받고, 그날 이후로 대륙 이동설을 발견한 베게너의 이름은 기억에 각인되었다.

바로 그 베게너가 대륙 이동설을 제창한 책이 『대륙과 해양의 기원』이다. 베게너의 대륙 이동설은 1910년 지도를 보던 중에 '서로 다른 대륙의 지형이 정확히 일치'한다는 사실을 깨달으면서 시작되었다. 1911년에 브라질과 아프리카의 지질학 및 고생물학을 연구한 결과 대륙 이동설을 뒷받침하는 증거가 발견되면서 가설에 확신이 생겼다. 1912년에 최초로 강연회를 열고 발표했지만 받아들여지지 않았다. 그 후로 베게너는 대륙 이동설을 증명하는 일에 평생을 바쳤다.

1800년대 후반부터 1900년대 전반까지는 '지구 수축설'이 대세였다. 지구가 냉각되면 내부가 수축하여 표면이 가라앉는데, 그 부분이 바다가 되고 가라앉지 않은 지역은 대륙이 된다는 설이다. 한편 대륙 이동설은 1910년 미국의 빙하지질학자가 처음 제기하였으며 1912년의 발표 이후로는 베게너가 대륙 이동설의 중심인물이 되었다.

35세 때인 1915년에 이 책의 초판이 독일어로 발매되었으나 그때는 세간의 주목을 받지 못했다. 그러나 다른 한편으로는 열렬한 추종자도 생겼다. 1920년에 대폭 수정하여 펴낸 제2판은 독일어권에 널리 알려졌고, 1922년에 나온 제3판은 영어와 프랑스어, 일본어로도 번역되어 전 세계적으로 유명해졌다.

하지만 대다수의 정통파 지질학자 및 지구물리학자는 대륙 이동설에 반대했다. 그래도 베게너는 1924년에『지질시대의 기후』를 간행하고 그 연구 성과를 반영한『대륙과 해양의 기원』제4판을 1929년에 출판했다(한글번역본은 바로 이 4판을 옮겼다). 이것이 베게너가 직접 수정한 마지막 개정판이 되었다. 1930년 11월 그린란드 탐험 중 조난을 당하여 세상을 떠났다. 그의 나이 50세였다.

'판 구조론'으로 부활하다

베게너는 독일어 문헌을 많이 읽었으며 24년 동안 책과 논문, 서평을 전부 170편이나 쓸 만큼 집필 속도가 빨랐다. 측지학, 지구물리학, 지질학, 고생물학, 고기후학 등의 다양한 논문을 대조하여 대륙 이동설의 타당성을 뒷받침하는 사실들을 이 책을 통해 발표했다.

지질학적으로는 남미 부에노스아이레스 남부의 산맥과 아프리카 케이프산맥의 지질이 주름의 방향, 암석의 종류가 비슷하다는 점을 밝혀냈다. 고생물학적으로는 메소사우루스[19]가 브라질과 남아프리카에서만 발굴된 사실을 발견했으며, 고기후학적으로는 빙하의 흔적이 남미, 남아프리카, 호주 대륙 남부, 인도 반도에 존재한다는 것을 파악했다. 이러한 사실을 상세한 데이터를 바탕으로 고찰했다.

또한 베게너는 대륙이 이동하는 원동력을 지구 자전에 의한 원심력과 기조력에서 찾았다. 그 결과로 적도 방향과 서쪽을 향해 움직인다고 주장했으나 이 설명에는 무리가 있었다. 그는 9장 서두에서 "대륙 이동설의 원동력 문제를 해결하려면 더 오랜 시간이 필요할 수도 있다"라고 고백했다.

베게너 사후에 잠잠해졌던 대륙 이동설은 1960년대 이후 지구과학에 관한 데이터가 축적되면서 극적으로 부활한다. 고지자기학 연구에서 맨틀의 대류에 의해 지구 표면의 판이 움직인다는 '판 구조론'이 확립되었기 때문이다. 판 위에 놓인 대륙이 움직인다는 개념이다.

---

19 고생대 페름기에 생존했던 수생 파충류.

대륙은 오랜 시간 동안 이동한다

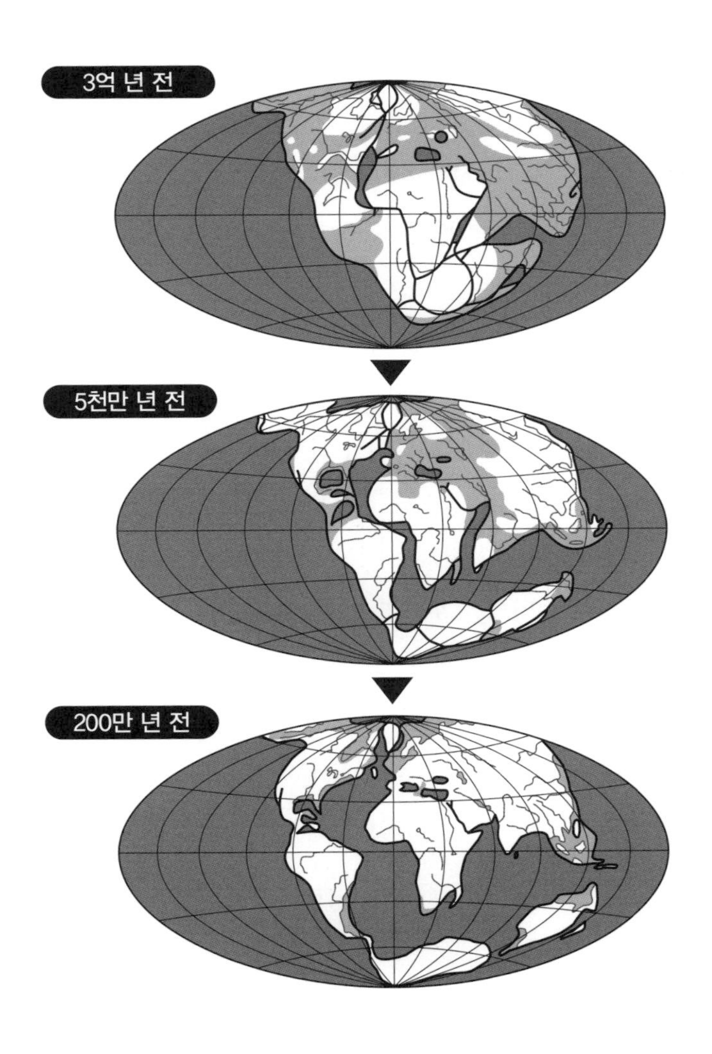

출처: 『대륙과 해양의 기원』의 그림을 일부 수정

그렇다면 판이 가라앉은 뒤에는 어떻게 될까? 1994년경부터 일본의 지질학자 마루야마 시게노리와 후카오 요시오가 판이 가라앉은 잔해는 플룸(plume)이라는 고온의 열기둥이 되어서 맨틀 내부를 1천 킬로미터나 대류 한다는 '플룸 구조론'을 주장했다.

베게너의 대륙 이동설은 '지도의 모양이 닮았다'라고 하는 직감에서 출발했다. 발표 후에도 좀처럼 받아들여지지 않았지만, 주장을 뒷받침하기 위해 필사적으로 데이터를 모으고 측지학, 지구물리학, 지질학, 고생물학 등을 다양하게 연구하여 결국 가설을 증명했다. 자신을 믿었기에 연구에 더 몰두할 수 있었을 것이다. 비록 생전에는 인정받지 못했으나 당시에 베게너가 이룬 업적이 이후의 연구에 막대한 영향을 주었다는 사실만큼은 분명하다.

POINT

1. 풍부한 데이터와 분석을 바탕으로 '대륙 이동설'을 제창했다.
2. 저자의 생전에는 인정받지 못했지만, 사후에 유력한 설로 자리 잡았다.

38 『물질과 빛』 *Matière et lumière* 1937

루이 드브로이

분량 ●●○ 난이도 ●●○

『물질과 빛』, 고노 요이치 옮김, 이와나미문고.
국내 미출간.

‘물질파’를 제창하여 노벨물리학상을 받은 저자가 물리학에 대해 논한 강연록이다. 수식이 거의 나오지 않으므로 물리라면 질색하는 사람에게도 추천한다.

프랑스의 물리학자. 박사 논문에서 가설로서 주장한 드브로이파(물질파)는 발표 당시 외면당했으나 이후 슈뢰딩거에 의한 파동방정식으로 이어져서 양자역학의 초석이 되었다. 1929년 노벨물리학상을 받았다.

'양자역학과 상대성이론의 통일'이라는 꿈

사실 아인슈타인은 ‘상대성이론’이 아니라 ‘광양자가설’로 노벨상을 받았다. 광양자가설에서 그는 고온의 물체로부터 뿜어져 나오는 빛에서 불연속적인 에너지 수치밖에 측정할 수 없는 이유가 빛 때문이라는 견해를 드러냈다. 다시 말해서 빛은 파동의 성질을 띠는 동시에 정반대인 입자의 성질을 지닌 ‘광자(광양자)’의 집합이라는 뜻이다(파동과 입자의 이중성).

여기서 힌트를 얻은 드브로이(Louis de Broglie, 1892~1987)는 보어(양자역학의 기초를 쌓은 물리학자)가 발견한 전자의 궤도가 띄엄띄엄한 이유에 대해서 전자는 입자이지만 파동의 성질도 있는 '파동과 입자의 이중성'을 지닌 물질이기 때문이라고 추측했다(1923년). 이것을 '물질파(드브로이파)'라고 부른다. 이후 드브로이의 아이디어를 확장하여 파동함수를 이용한 방정식으로 나타낸 슈뢰딩거, 입자의 위치와 운동량은 정확하게 정해지지 않는다고 하는 '불확정성 원리'를 밝혀낸 하이젠베르크 등에 의해서 양자역학(코펜하겐 해석)은 계속 발전해 나갔다.

『물질과 빛』에는 드브로이가 현대물리학의 개요 및 양자역학과 전기, 양자역학과 빛이라는 주제로 강연한 네 개의 강연록과 과학에 관한 두 개의 철학적 고찰이 수록되었다. 1929년에 수상한 노벨상 강연록도 포함되어 있다. 일반인을 대상으로 한 강연록이므로 수식도 적고 읽기도 부담 없다. "부득이하게 중복된 내용은 이해해주시기를 바란다." 머리말에 직접 쓴 양해의 글에서 드브로이의 신사적인 매너를 엿볼 수 있다.

당연하지만 강연록을 읽다 보면 보어와 아인슈타인이 자주 등장한다. 그 밖에 많이 나오는 이름이 폴 디랙(1933년 노벨물리학상 수상)이다.

디랙은 영국의 이론물리학자이면서 수학에도 큰 영향을 끼쳤다. 디랙방정식으로 양자역학에 특수상대성이론을 적용한 상대론적 양자역학을 이끌었는데, 드브로이가 '디랙의 자기적 전자에 관한 아름다운 이론'이라고 평할 정도였다. 드브로이 역시 양자역학과 상대성이론의 통일을 꿈꿨으나 아쉽게도 디랙의 견해는 한정적인 조건에서만 적용할 수 있어서 통일에는 이르지 못했다.

이 책이 발표된 1939년은 통일 이론과 관련한 움직임이 싹트기 시작하던 때였다. 드브로이와 슈뢰딩거는 노년에도 코펜하겐 해석(198쪽 참조)을 재검토하는 등 과학자로서 마지막까지 탐구심을 잃지 않았다.

철학적 고찰의 하나는 양자역학에 관한 철학적 연구이다. 띄엄띄엄한 '양자'라는 개념을 소재로 하여 약간의 수식과 언어 사고만으로 연속과 불연속에 대해서 논한다. 다른 하나는 과학의 진보에 관한 철학적 연구이며, 불명확한 과학의 영역에까지 엄격한 정의를 요구하는 상황에 대해서 고찰한다.

고등학교 졸업식에서 강연한 내용도 실려 있는데 이런 말을 남겼다. "이 학교에서 배운 귀중한 공부의 결과로써, 지적 미적 혹은 윤리적 세계의 모든 고귀한 것에 대한 존경심을 평생 간직하기를 바란다."

'존경심'이라는 말에서 진지하게 과학을 마주한 그의 자세가 잘 드러난다.

프랑스 물리학회의 중심인물

루이 드브로이는 '브로이공의 루이'라는 뜻으로 본명은 제7대 브로이 공작 루이-빅토르 피에르 레몽이다. 프랑스 귀족 가문에서 태어나 파리 소르본대학교에서 문학과 역사학을 배웠다(1910년). 1911년에 제1회 솔베이 회의가 열리고 양자에 관한 문제가 논의되었을 때 물리학자인 형 모리스 드브로이에게 전해 들은 회의 내용에 관심이 생겨서 양자를 연구하기로 결심했다.

그 무렵 주변 국가로부터 밀려나 있던 프랑스 물리학회는 드브로이의 등장으로 지위가 올라갔다. 제2차 세계대전으로 한때 주춤했으나 전쟁 후에도 프랑스 물리학회의 중심인물로 활동했다.

1960년에는 형의 죽음으로 공작 지위를 물려받았다. 드브로이는 뛰어난 직감과 추론을 바탕으로 일하는 타입이었다. 이론물리학이 전문이었지만 형의 영향으로 실험적인 감각도 지니고 있었다. 프랑스 귀족답게 전통과 문화를 지키고자 초기를 제외하고는 프랑스어로만 논문을 쓰고 대화했으며, 역사와 문학에도 조예가 깊었다. 이 책 특유의 차분한 문장을 통해 그 단면을 느껴볼 수 있다.

POINT

1. 현대물리학의 개요와 철학적 사고에 관한 여러 편의 연구를 수록했다.
2. 노벨상 강연록 및 고등학교 졸업식 강연도 수록되어 있다.
3. 머리말에 '원칙적으로 계산을 사용하지 않았다'라고 쓰여 있다.

CHAPTER 5

과학의 역사를 보여주는 과학책

과학은 어떻게 발전해왔는가

『역학의 발달』 / 에른스트 마흐

『양자역학의 탄생』 / 닐스 보어

『유클리드 원론』 / 에우클레이데스

『화학의 역사』 / 아이작 아시모프

『플리니우스 박물지』 / 플리니우스

『자력과 중력의 발견』 / 야마모토 요시타카

『물리학이란 무엇인가』 / 도모나가 신이치로

39 『역학의 발달』

Die Mechanik in ihrer Entwickelung historisch-kritisch dargestell

1883

에른스트 마흐

분량 ●●● 난이도 ●●●

『마흐 역학사(상 · 하)』, 이와노 히데아키 옮김, 지쿠마학예문고.
『역학의 발달: 역사적 · 비판적 고찰』, 고인석 옮김, 한길사.

이 책은 의심할 여지가 없다고 여기던 뉴턴 역학을 비판하는 한편 아인슈타인의 상대성이론에 영향을 주었다. 물리학의 역사를 이해할 수 있는 책이다.

오스트리아의 물리학자이자 과학사가, 철학자. 그라츠대학교와 프라하대학교, 빈대학교 교수를 역임했다. 1902년에 오스트리아 귀족원 의원에 선출되었다. 아인슈타인의 상대성이론에 직접적인 영향을 준 선구자로 알려졌다.

아인슈타인에게 영향을 준 '마흐의 원리'

음속을 나타내는 '마하'라는 말을 들어본 적이 있을 것이다. '마하'는 초음속 기류를 연구한 물리학자 '마흐'(Ernst Mach, 1838~1916)의 이름에서 따왔다. 마흐는 1887년에 물체가 음속을 넘어섰을 경우 공기에 극적인 변화가 일어나서 충격파가 생긴다는 사실을 실험적으로 밝혀냈다. 당시의 최신 사진 기술을 이용해서 충격파 촬영에 성공했다.

다만 속도의 단위인 '마하'는 후세의 과학자들이 정했을 뿐 본인이 직접 내세운 것이 아니다. 그래서 자신의 이름이 단위가 된 것을 알면 아마 본인이 가장 놀랄지 모른다.

『역학의 발달』의 원제는 『역사적 비판적으로 논술된 역학의 발전』이다. 따라서 한글번역본에는 '역사적 · 비판적 고찰'이라는 부제가 덧붙었다. 이 책은 원제 혹은 부제에서 보는 바와 같이 '시간'과 '공간'을 무시한 뉴턴의 고전 역학을 향한 비판과 '지구상에 있는 물체의 운동은 지구에 영향을 미치는 우주 전체의 상대 운동을 고려해야 한다'라고 하는 '마흐의 원리'를 주장하고 있다.

뉴턴은 우주가 어딘가에 완전히 정지하고 있다는 '절대 공간'의 개념을 『프린키피아』(130쪽 참조)에서 도입했다. 그에 반해 마흐는 '직접 관측할 수 있는 사안은 상대적인 운동뿐이다'라고 하여 '절대 공간'을 부정했다.

일례로 '뉴턴의 물통'이라는 실험을 들 수 있다. 물을 가득 채운 물통을 실에 매달아 회전시키면 원심력으로 중심부의 수면은 오목해지고 물통 벽 쪽의 수면은 높아진다. 뉴턴은 이것을 절대 공간에 대한 회전으로 인해 생긴 현상으로 보았지만, 마흐는 물통은 정지하고 있고 우주의 물질이 회전함으로써 벽 쪽의 수면이 높아진다고 추측했다. '만약 물통이 지구보다 크다고 했을 때 원심력(가속도)이 작용하여 벽 쪽의 수면이 높아질까?'라는 질문에 마흐는 '일어날지 아닐지 알 수 없다'라고 주장했다.

이 주장은 뉴턴의 법칙에 수정을 가한 것이 아니라 사고방식을 바꿨을 뿐이다. 마흐의 상대적 운동의 개념은 상대성이론의 출발점이라고 할 수 있으며 아인슈타인에게 큰 영향을 끼쳤다. 다만 마흐는 상대성이론에 도달하지는 못했다.

이 책은 연대순으로 사례가 나열되지 않았다. '지레의 원리'나 '뉴턴의 업적' 등 이제까지 확립된 여러 역학의 원리와 법칙, 갈릴레이와 하위헌스의 업적에 관한 내용은 물론이고, 아르키메데스, 시몬 스테빈, 피에르 바리뇽, 베르누이, 라그랑주, 레오나르도 다빈치, 파스칼, 오토 폰 게리케 등 수많은 역사 속 인물이 등장하여 이 책의 인명색인에는 무려 274명의 이름이 등장한다. 가히 자연철학 말기의 명저라고 할만하다.

뉴턴은 역학을 체계화하여 근대 과학의 기초를 쌓았다. 18세기부터 19세기에 걸쳐 발달한 열역학이나 전자기학과 합쳐진 고전물리학은 19세기 말엽에 성숙 단계에 이르렀고 마침내 이 세상을 움직이는 근본 원리가 해명되었다고 생각했다. 하지만 20세기가 되자 양상이 달라졌다. 상대성이론과 양자역학이 탄생한 것이다.

이 책은 특수상대성이론이 발표(1905년)되기 훨씬 전에 출판되었으므로 책 속에 상대성이론은 거론되지 않았지만, 1913년에 마흐는 '점점 독단적으로 보이는 상대성이론을 나는 왜 어느 정도 거부하는가'라고 언급하기도 했다. 단호한 말투로 말하기는 했지만, 이 시점에 마흐는 상대성이론을 부정하지 않고 학문적 비판의 대상으로서 인정하려고 했다.

이 책에 많은 영향을 받은 아인슈타인은 1916년 마흐의 추도문에서 책 속에 적힌 '시간, 공간 및 운동에 관한 뉴턴의 학설'과 '뉴턴의 모든 학설에 관한 개괄적 비판'을 읽어달라고 썼다. 그러나 아인슈타인이 상대성이론을 마흐의 실증주의적 법칙관에 결부시킨 것은 1921

년까지이며, 1922년부터는 자신의 방법론에 대한 독자성을 강조하게 되었다.

과학은 역사와 함께 발전한다. 우리는 시대에 상관없이 문헌을 읽을 수 있지만, 현실의 시간을 거슬러 올라갈 수는 없다. 즉 나중에 일어난 일을 그보다 앞서 생각할 수는 없다. '뉴턴에서 마흐로, 마흐에서 아인슈타인으로' 역사를 누벼 온 물리의 격렬한 논쟁은 감히 그 깊이를 짐작조차 못 하겠다.

POINT

1. 현대물리학 이전의 책이다. 자연 철학적인 요소가 강하다.

2. 뉴턴의 고전 역학을 비판했다.

3. 아인슈타인의 상대성이론에 영향을 주었다.

40 『양자역학의 탄생』 1925

닐스 보어

분량 ●●● 난이도 ●●○

『닐스 보어 논문집2 양자역학의 탄생』, 야마모토 요시타카 편역, 이와나미문고.[20]
국내 미출간.

20세기 물리학의 최대 성과 가운데 하나인 '양자역학'. 그 중심적 역할을 한 닐스 보어가 양자물리학의 역사를 직접 회고한다.

덴마크의 물리학자. 이론물리학 연구소를 설립하고 세계 각국의 연구자를 한데 모아 양자역학의 발전에 주도적인 역할을 했다. 1922년 노벨물리학상을 받았다. 저서로는 『원자 이론과 자연기술』, 『인과성과 상보성』 등이 있다.

양자역학의 기초를 쌓은 물리학자

화학자에게 보어(Niels Bohr, 1885~1962)는 원자핵 주위에 전자가 존재하는 '보어의 원자모형'으로 친숙하다. 하지만 물리의 세계에서는 아인슈타인이 제창한 상대성이론과 쌍벽을 이루는 '양자역학'의 기초를 쌓은 사람이다.

양자란 '한 개, 두 개 하고 셀 수 있는 띄엄띄엄하고 불연속적인 것'

20 이 책은 양자역학이 형성된 직후인 1925년부터 말년에 이르기까지 닐스 보어가 남긴 18편의 논문과 강연을 실었다. 한글번역본은 출간되지 않았다. 보어의 논문과 서한 등을 비롯해 엄선된 자료들을 모은 닐스 보어 전집(Niels Bohr Collected Works, 총 12권)이 영문판으로 출간되어 있으니, 보어의 이론이 궁금하다면 이를 참고할 것.

이며, 양자역학(양자론)은 '아주 작은 미시적 세계에서 물질을 구성하는 입자나 빛 등이 어떤 식으로 활동하는지 밝히는 이론'이다.

상대성이론은 아인슈타인이 단독으로 이론을 구축한 데 반해 양자역학은 많은 물리학자가 모여 이론을 구축하였다. 그 중심에 보어가 있었다. 일본에서 출간된 『닐스 보어 논문집2 양자역학의 탄생』은 양자역학 형성의 역사와 보어의 회고록을 수록한 논문집으로, 1925년부터 1962년까지의 논문 및 강연을 정리하였다. 참고로 『닐스 보어 논문집1 인과성과 상보성』은 양자역학의 해석과 상보성 이론에 대한 강연 및 논문이 정리되어 있는데, 일반 독자에게는 논문집2가 읽기 쉬울 것이다.

이 책에서는 논문을 발표한 연대순으로 수록했다. 보어가 강연한 양자역학 발전의 역사나 원자 모델의 발견은 몇몇 논문에서 그 내용이 겹치지만, 다양한 방식으로 설명한 내용을 읽을 수 있어서 이해가 더 깊어진다.

그러면 이제 양자역학이 발전한 역사를 간단히 훑어보자.

1897년에 영국의 실험물리학자 톰슨이 전자를 발견했다. 1900년에는 플랑크가 빛의 색과 온도의 관계를 해석하여 에너지가 불연속적인 값을 갖게 되는 '양자가설'을 발표했다. 이 가설을 바탕으로 아인슈타인은 빛의 에너지에는 분할 할 수 없는 최소 단위 '광양자'(광자)가 있다고 추측하였고 1905년에 '광양자가설'을 발표한다. 이 개념은 빛이 '파장과 입자의 이중성'을 띤다는 이론으로 이어진다.

1913년에 보어는 플랑크의 '양자가설'을 적용해서 전자가 지니는 에너지가 불연속적 값을 갖게 되는 '보어의 원자모형'을 발표한다. 그리고 1923년에 드브로이는 전자가 불연속적으로밖에 존재할 수 없는 이유는 빛과 마찬가지로 '입자와 파동의 이중성'을 띠고 있기 때문이라고 생각했다. 드브로이의 논문에 착안하여 전자의 파동을 수학적으로 표현한 것이 '파동함수'이며, 슈뢰딩거는 양자역학의 기초가 되는 '슈뢰딩거 방정식'을 1926년에 제창했다.

이때까지만 해도 전자나 광자가 '입자와 파동의 이중성'을 띠는 것은 모순이라고 보았으나, 보어는 그것을 '전자는 [관측하지 않을 때]는 파동으로서 행동하고 [관측할 때]는 입자로서의 모습을 나타낸다'라고 해석했다. 막스 보른은 1926년에 '전자가 어느 곳에 출현하는가는 확률로밖에 예언할 수 없다'라고 주장했다. 보어와 보른의 두 가지 설로 이루어진 양자론의 표준적인 해석은 그들이 활약한 장소의 이름을 따서 '코펜하겐 해석'이라고 부른다. 1927년에 하이젠베르크는 '마이크로 입자는 그 위치와 운동량이 동시에 확정되지 않는다'라고 하는 불확정성 원리를 제창했다.

아인슈타인과의 논쟁

아인슈타인은 코펜하겐 해석에 반대했다. '물질의 행동은 확률적으로 결정되는 것이 아니라 자연법칙에 근거해서 완전하게 결정된다'라고 주장하며 '하느님은 주사위를 던지지 않는다'라는 말로 양자역학을 부정했다.

1927년에 열린 제5회 솔베이 회의는 당시의 쟁쟁한 물리학자가 한

양자역학의 발전사

1897년	톰슨이 전자를 발견
1900년	플랑크가 '양자가설'을 발표
1905년	아인슈타인이 '광양자가설'을 발표
1913년	보어가 '보어의 원자모형'을 발표
1923년	드브로이가 전자도 '입자와 파동의 이중성'을 갖는다는 내용을 제창
1926년	슈뢰딩거가 양자역학의 기초가 되는 '슈뢰딩거 방정식'을 제창 보어와 보른의 '코펜하겐 해석'
1927년	하이젠베르크가 불확정성 원리를 제창 제5회 솔베이 회의(보어와 아인슈타인의 토론)
1930년	제6회 솔베이 회의(보어가 아인슈타인의 주장을 물리치다)

자리에 모인 유명한 회의이다. 그곳에서 보어는 아인슈타인과 토론을 벌이지만 결말은 나지 않았다. 그 논쟁은 1930년의 제6회 솔베이 회의까지 이어진다. 거기서 보어는 아인슈타인이 반대하는 불확정성 원리에 대하여 무려 일반상대성이론으로 반론을 펼쳤고 결국 보어가 아인슈타인의 주장을 꺾었다. 아인슈타인은 평생 코펜하겐 해석에 비판적인 태도를 유지했다. 그 후로도 연구가 진행되지만, 아인슈타인이 주장한 견해는 여전히 실험된 바 없다. 이렇게 해서 보어가 주장하는 양자역학의 유용성이 밝혀졌다.

양자역학과 상대성이론의 대결에 대해서는『양자 혁명』을 참고하면 좋다. 소설 형식으로 쓰여 있어 흥미롭게 읽을 수 있다.『노벨상 수상 업적으로 보는 현대물리학의 핵심』도 도해로 설명하고 있어 함께 읽으면 글로만 읽는 것보다 이해하는 데 도움이 될 것이다.

양자역학의 자세한 이론은 이미 소개한『우주는 무엇으로 이루어졌는가?』,『시간의 역사』,『우주의 구조』등에도 등장한다. 그만큼 양자역학이 상대성이론과 마찬가지로 현대물리학을 설명하는 필수적인 이론이라는 뜻이다.

양자역학에서 주장하는 '관측되는 현상이 우연히 선택된다'라고 하는 모호함(부정확성)은 답이 명확한 이과의 세계에서 보자면 답답할 수도 있다. 평범한 방법으로는 이해 불가능한 이론이지만 여러 서적을 대조하면서 천천히 생각하다 보면 양자역학의 불가사의한 현상과 그것에 좌우되는 이 세계가 놀라울 따름이다. 그러니 독자들도 꼭 이 사유의 시간을 즐겨보기 바란다.

POINT

1. 양자역학은 상대성이론과 쌍벽을 이루는 중요한 이론이다.
2. 양자역학의 역사와 이론을 정리한 논문 및 강연집이다.
3. 당사자가 직접 쓴 양자역학 해설서이다.

41 『유클리드 원론』 *Stoicheia* 기원전 3세기

에우클레이데스

분량 ●●● 난이도 ●●●

『유클리드 원론 추보판』, 나카무라 고시로 · 데라사카 히데타카 외 옮김, 교리쓰출판.
『유클리드 원론 1, 2』, 박병하 옮김, 아카넷.

20세기 초까지 수학 교과서의 하나로 쓰였던 기하학의 고전이다. 우리가 학교에서 배우는 산수나 수학이 오래전부터 입증된 내용이라는 사실에 놀라게 된다.

고대 이집트의 그리스계 수학자이자 천문학자. 유클리드는 에우클레이데스의 영어 발음이다. 수학 역사상 가장 중요한 책 가운데 하나인 『원론(유클리드 원론)』의 저자로서 '기하학의 아버지'로 불린다. 『원론』은 성서 다음으로 수많은 판을 거듭하며 연구되었다고 알려졌다.

수수께끼에 싸인 '기하학의 아버지'

수학을 잘하지 못하는 사람이라도 '$(a+b)a=a^2+ab$'라는 식이 성립한다는 것쯤은 알고 있을 것이다. 『유클리드 원론』(원래 제목은 『원론』)에는 이 식의 증명이 무려 도형으로 설명되어 있다. 그래서 책에는 식이 나오지 않아 처음에는 도형을 증명하는 책인 줄 알았다.

『원론』에는 도형을 다루는 기하학만 나오는 것이 아니다. 비례의 이론에서는 황금비에 관해서 설명한다. 제곱근($\sqrt{}$)을 다룬 무리수, 유클리드 호제법과 소수도 해설한다.

그리스어 원제로는 '스토이케이아'(Στοιχεῖα)이며, 이것은 알파벳이

『원론』에서는 수식이 아닌 도형으로 설명한다

$(a+b)a=a^2+ab$의 증명

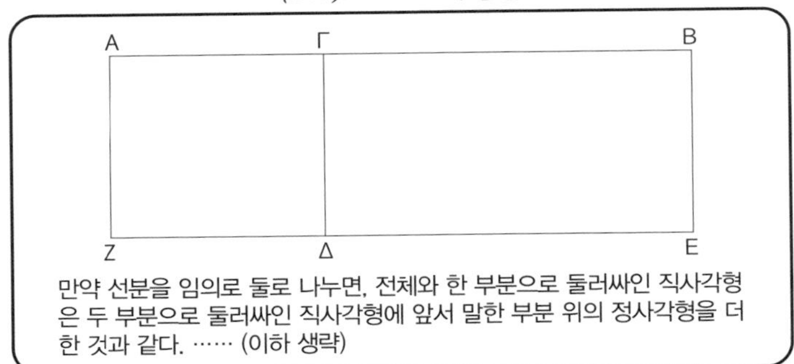

➡ 문자식을 사용할 수 없으므로 이렇게 도형을 이용하여 증명하고 있다.

나 한글 등의 '자모'를 뜻하는 단어의 복수형이다. 5세기 그리스의 철학자 프로클로스는 이렇게 설명했다. "모든 단어가 자모로 이루어지듯이, 모든 기하학적 명제는 어떤 종류의 원리적 명제를 기초로 하며 이것으로부터 증명이 이루어진다. 그러한 기본적 명제(스토이케이아)에 관한 책이다."

『원론』은 그리스어로 쓰여 있으며 고대에서부터 현대에 이르기까지 다양한 언어로 번역되었다. 1883년에 수학사가인 하이베르크가 『원론』을 편집하여 그리스어로 출판한 이후로 유클리드 연구는 이 책을 기초로 이루어졌다.

'기하학의 아버지'로 불리는 에우클레이데스(Eukleides, 유클리드의 그리스어 발음으로 세계사 등에서는 '에우클레이데스'로 부른다). 하지만 그의 생애는 거의 알려지지 않았다. 실제로 존재한 사람인지 의

심하는 설도 있고『원론』도 공저여서 에우클레이데스가 필명이라는 의견도 있다.『원론』의 내용 대부분은 에우클레이데스가 창작한 것이 아니라 이전 시대의 수학적 연구로부터 얻은 것이라는 사실 또한 많이 알려졌다. 그래서 16세기의 철학자 라무스는 에우클레이데스를 '발견자'가 아니라 '편집자'로 간주했다.

그러나 누가 썼든지, 독창성이 있든지 없든지 간에『원론』의 영향력은 실로 엄청났다. 세상에 나오자마자 동시대의 인물인 아르키메데스와 아폴로니우스가 이 책의 명제를 권수와 번호만 표시한 채 사용하여 급속도로 퍼져나간 사실을 알 수 있다.

『원론』은 전부 13권으로 이루어졌다. 기본적으로 '명제'가 주어지고 그 뒤에 '증명'이 이어지는 '논증 형식'을 취한다.『원론』에서 '명제'란 '정의, 공준, 공리에 근거하는 증명의 대상이 되는 것'을 가리킨다. '정의'에 대해서는 아홉 권에 쓰여 있고, 제1권에는 '공준'과 '공리'가 나와 있다. 또한 '정의'란 '말의 의미를 정하는 것', '공리'란 '가장 자명한 전제', '공준'이란 '공리에 준하여 요청되는 전제'라고 되어 있어 현대의 개념과는 약간 다르다.

『원론』은 읽기 어려운 책으로 알려졌다. 왜냐하면 명제의 증명에 정의, 공리, 공준, 그리고 그동안의 명제를 어떻게 사용했는지 쓰여 있지 않기 때문이다. 또한 문자식 계산이 등장하지 않는 것도 읽기 어려운 이유 가운데 하나다. 제1권 명제 47에는 유명한 '피타고라스의 정리'(삼평방의 정리)가 쓰여 있는데 해설을 읽고서야 이해할 수 있었다.

한편, 수학에서는 증명의 마지막에 'Q.E.D.'라고 덧붙인다는 사실을 알고 있는가? 라틴어 'Quod Erat Demonstrandum'의 첫 글자를 딴 것으로 『원론』에서 유래했다. 증명의 마지막에 반드시 써넣는 이 글자는 '이것이 내가 증명하려는 내용이었다'라는 뜻이다.

솔직하게 말하자면, 처음 이 책을 읽을 때 한 번에 술술 읽히지는 않았다. 하지만 초등학교, 중학교에서 배우는 내용이어서 해설을 읽고 배운 것들 떠올리다 보니 어느새 친근하게 다가왔다. 우리가 배우는 산수와 수학이 이미 오래전부터 입증된 내용이라는 사실이 놀랍기 그지없다.

POINT

1. 기원전 3세기에 쓰인 고대 그리스의 수학 명저다.
2. 20세기 초까지 수학 교과서로 사용되었으며 성서 다음으로 독자가 많다.
3. 다양한 수학 내용이 전부 도형으로 설명되어 있다.

42 『화학의 역사』 *A Short History of Chemistry* 1965

아이작 아시모프

분량 ●●○ 난이도 ●●○

『화학의 역사』, 다마무시 분이치 · 다케우치 요시토 옮김, 지쿠마학예문고.
국내 미출간.

각종 에피소드에 수많은 화학자가 등장하지만, 화학식이나 몰 단위 같은 이야기는 거의 보이지 않는다. SF 작가이기도 한 저자가 화학 초보를 위해 쓴 화학의 역사이다.

러시아에서 태어난 미국의 작가이다. SF 소설의 거장으로 알려졌으나 원래 화학을 전공했다. 15세에 대학교에 입학했으며, 의학부 생화학 교수로도 근무했다. 과학, 언어, 역사, 성서 등 다양한 주제로 평생 200권이 넘는 저작을 남겼다.

'꾸준한 실험'으로 발전한 화학

아이작 아시모프(Isaac Asimov, 1920~1992)라고 하면 SF 작가로서 더 유명할지 모르지만 사실 보스턴대학교 의학부 교수로서 생화학을 전문으로 연구했다. 『화학의 역사』는 화학 발전의 핵심을 간결하고 정확하게 포착한 책으로서, 끝까지 읽고 나면 화학이 발전해온 흐름이 특정 분야에 치우치는 일 없이 깔끔하게 머릿속에 저장된다.

아시모프는 소설가로서 이름을 떨친 만큼 읽기 쉽게 글을 써서 책장이 계속 넘어간다. 이 책을 읽기 전에 『역학의 발달』(192쪽 참조)를 읽었는데 그 책은 상당히 어려웠다. 물리의 역사는 수식을 빼고서는 이야기할 수 없지만, 화학의 역사는 화학식이 등장하지 않아도 상관없다. 특히 이 책에는 화학 기피자라면 어려워할 화학식이나 몰 단위 등의 이야기가 거의 나오지 않아서 술술 읽을 수 있다. 아시모프도 "단순한 정성적 서술에서 출발하여 신중한 정량적 측정으로 전환되는 물리학적 특성이 화학에는 없다"라고 말했다.

물리는 '갈릴레이에서 뉴턴, 다시 아인슈타인으로' 주인공을 바꿔가며 극적인 변화를 이루어왔으나, 화학에는 누군가 발표한 이론 덕분에 극적으로 바뀌는 예는 없었다. 거꾸로 말하면 화학자가 꾸준히 축적한 실험을 바탕으로 서서히 발전해 왔다고도 할 수 있다. 역사적으로 유명한 물리학자 중에는 철학적인 견해를 밝히는 사람이 많다. 하지만 화학자들은 우직하게 한 곳으로만 돌진하는 성격이 많은 듯하다.

화학의 역사는 인류가 불을 사용하면서부터 시작되었다고 할 수 있다. 그로부터 1600년대 후반까지는 연금술의 시대였으며 오직 눈으로 본 것만 판단했다. 18세기에 라부아지에가 등장해서 수치를 측정하여 결론을 유도하는 방식을 제시했고, 이후의 화학자는 이 측정의 원리를 받아들이게 되었다. 이것이 근대 과학의 출발점이다.

라부아지에는 실험에 필요한 돈을 벌기 위해 제정 프랑스의 징세 청부인으로 일하다가 프랑스 혁명이 일어나면서 반정부 측에 체포되어 단두대에서 처형되고 말았다. 수학자인 라그랑주가 "저 머리를 자르는 데는 한순간밖에 걸리지 않았다. 그러나 똑같은 두뇌는 1세기가 지나도 나타나지 않을 것이다"라고 탄식했을 만큼 천재적이었으며 '근대 화학의 아버지'로서 세상에 널리 알려졌다.

그 후로는 화학 현상을 고찰하는 '물리화학'이 발전해 갔다. 1828년에 뵐러가 요소(尿素)는 합성 가능하다는 내용을 발표하면서, 그때까지 생명체에서만 만들어진다고 생각한 '유기화합물'을 연구실에서도 만들 수 있다는 사실을 알게 되었고 곧바로 유기화학 연구가 활발히 이뤄지기 시작했다. 또한 1940년경부터 합성 고분자를 만들어 낼 수 있게 되자 여러 가지 물질이 새롭게 생겨났다.

이 책의 종반부에서는 핵반응 이야기를 다룬다. 화학은 약이 되기도 하고 독이 되기도 한다. 앞으로 살아갈 우리에게는 얼마나 안전하게 화학을 다룰 수 있는지가 중요해졌다.

POINT

1. SF 작가가 써서 역사서임에도 쉽게 읽힌다.
2. 화학식이나 몰 이야기가 거의 나오지 않으므로 화학 기피자에게도 추천한다.
3. 많은 화학자가 등장하고 에피소드도 다양하다.

43 『플리니우스 박물지』 *Naturalis Historia* 77

플리니우스

분량 ●●● 난이도 ●●○

『플리니우스 박물지 축쇄판(1~6)』, 나카노 사다오·나카노 사토미 외 옮김, 유잔카쿠.
『플리니우스 박물지』, 서경주 옮김, 노마드.

고대 로마 시대에 자연계의 모든 지식에 관해서 기록한 이 책은 중세 시대 유럽에서도 지식인들에게 사랑받으며 인용된 역사적 대작이다.

고대 로마의 박물학자이자 정치가, 군인. 로마제국 속주의 총독을 역임하는 한편 자연계를 망라하는 백과사전 『박물지』를 집필했다. 일반적으로 대플리니우스로 불린다. 79년 베수비오 화산 분화 때 화산가스에 질식되어 목숨을 잃었다.

베수비오 화산 대폭발에 직면하다

『플리니우스 박물지』(원제 『박물지』)는 고대 로마 시대에 플리니우스(Gaius Plinius Secundus, 23~79)가 쓴 대작으로 전부 37권이나 된다. 천문학, 지리학, 동·식물학, 약학, 광물, 예술 등 자연계에 관한 모든 지식을 종합했다.

첫 열 권은 서기 77년에 발표하였고 나머지는 조카인 소(小)플리니우스가 편찬했다. 반드시 본인이 견문하고 검증한 사항만을 고집하지 않고 앞서 나온 수많은 문헌도 함께 참고했다. 또한 괴수, 거인 등의 비과학적인 내용도 많이 포함되어 있어서 학문적으로 온전히 체계를 갖추었다고 하기는 어렵다. 다만 지식이 잘 정리되어 있고, 르네상스기에는 활판 인쇄로 출판된 덕분에 유럽의 많은 지식인이 읽고 인용했다. 『레오나르도 다빈치의 수기』(148쪽 참조)에도 '왜 바닷물은 짤까?'라는 질문에 이 책에서 인용한 내용을 답으로 적고 있다.

플리니우스는 어떤 인물이었을까? 본명은 가이우스 플리니우스 세쿤두스로 대(大)플리니우스라고도 불린다. 1세기 고대 로마의 정치가이자 군인이었으며, 온천을 좋아하는 박물학자이기도 했다. 정치가이면서 문인인 가이우스 플리니우스 카이킬리우스 세쿤두스(소플리니우스)가 조카이다.

플리니우스는 젊었을 때 지방에서 로마로 옮겨가서 학문에 힘썼으며 기병대 대장으로 공직 생활을 시작했다. 그 후 남프랑스 속주의 황제 재무관으로 근무하면서 높은 평가를 받고 북아프리카, 스페인, 유럽 북부를 거쳐서 로마로 돌아온 후에도 요직을 맡았다.

저작 활동을 한다며 직무에 지장을 초래하지도 않았고 자는 시간을 줄여서 조사와 연구를 진행했다. 직무 이외의 모든 시간을 연구에 바치는 모습은 함께 지내던 조카 소플리니우스마저 감동할 정도였다고 한다.

그런 플리니우스에게 비극이 닥친다. 79년에 이탈리아 중부 나폴리 근처에서 발생한 베수비오 화산 대폭발로 플리니우스는 목숨을 잃은 것이다. 이 대폭발로 인해 폼페이 거리가 한순간에 사라져 버린 것은 잘 알려진 사실이다. 대분화와 플리니우스의 최후는 소플리니우스의 편지에서 확인할 수 있다(편지 전문은 시오노 나나미의 『로마인 이야기 8』에 실려 있다).

대폭발이 일어났을 때 플리니우스는 함대의 사령관으로 근처 기지에 있었다. 분화 후 도움을 요청하는 편지를 받고 나폴리만 건너편 언덕에 있는 베수비오 화산 기슭으로 향했다. 화산 현상을 가까이서 관찰하고 싶은 호기심과 연구심도 있었을 것이다. 배에 사람들을 태우고 곧바로 돌아오려 했으나 바람의 방향이 바뀌지 않아 그곳에서 밤을 새우게 되었다. 그러나 밤에 분화가 심해지면서 아침이 밝아 올 때쯤에는 화산가스가 주위에 가득 찼다. 호흡기가 약했던 플리니우스는 결국 쓰러져 사망하고 말았다.

고대 로마 시대에 쓰인 귀중한 과학 서적

원저자 서문에는 황제 베스파시아누스에게 경의를 표하는 글과 이 책을 쓴 경위가 쓰여 있다. "나는 학문에서 누릴 수 있는 특별한 지위란, 재미 위주의 통속적인 내용을 쓰는 사람보다는 어려움을 극복하고 유익한 작품 쓰기를 좋아하는 사람들에게 주어지는 것으로 생각하오."

또한 자신이 쓴 책을 비평가가 비판하는 것에 대해서는 고대 로마의 대(大)카토가 한 말을 인용했다. "그게 뭐 어떻다는 말인가? 어떤 저작이 발표되면 순식간에 호사가들의 제물이 될 것을 나는 알고 있다. 그러나 대개 그런 사람들에게는 진정한 명예 따위는 없는 법이다. 나는 그저 그런 사람들이 멋대로 혀를 놀리게 둘 뿐이다." 예나 지금이나 인간의 생각은 별반 다르지 않다.

1권에는 후속 36권의 전체 목록과 플리니우스가 출처로 삼은 주요 저작자의 이름이 열거되어 있다. 로마인 외에도 외국 작가로서 아르키메데스나 아리스토텔레스, 데모크리토스 등의 이름을 볼 수 있다. 전권을 통틀어 참고 인물은 로마인 146명, 외국인 327명이다. 대소 항목의 수는 합계 약 3만 5천에 달한다.

2권은 '우주지', 3~6권은 '지리', 7권은 '인간론', 8~11권은 '동물지', 12~19권은 '식물지', 20~27권은 '식물에서 채취할 수 있는 약제', 28~32권은 '동물로부터 얻을 수 있는 약제', 33~35권은 '금속과 그 제품(그림물감 포함), 약제, 기타, 회화, 건축, 조각', 36~37권은 '광물, 보석과 그 약제'에 관한 내용이다.

고대 로마 시대에는 태양력(율리우스력)이 사용되고 건축 기술도 발달해서 도로나 로마 수도가 정비되는 등 현대에도 통용되는 과학적 능력을 갖춘 분야가 이미 있었다. 고대 로마 시대에 쓰인 과학책은 드문 편이니 부디 『박물지』를 읽고 고대 로마를 만끽해 보기를 바란다.

POINT

1. 고대 로마 시대에 쓴 책으로 자연계에 관한 내용이 정리되어 있다.
2. 플리니우스는 정치가이자 군인이면서 박물학자로서 활약했다.
3. 중세까지 자연과학의 정보원으로서 널리 읽혀왔다.

44 『자력과 중력의 발견』 2003

야마모토 요시타카

분량 ●●● 난이도 ●●○

『자력과 중력의 발견(1~3)』, 미스즈쇼보.
『과학의 탄생: 자력과 중력의 발견, 그 위대한 힘의 역사』, 이영기 옮김, 동아시아.

17세기 '과학 혁명' 이전에는 무슨 일이 벌어지고 있었을까? 과학사 전문가인 저자가 고대 그리스부터 뉴턴에 이르는 과학 역사 천 년여의 공백기를 밝힌다.

1941년 오사카에서 태어난 과학사가이자 자연철학자, 교육자. 도쿄대학교 이학부 물리학과를 졸업했다. 전 도쿄대학교 전학공투회의[21] 의장이었다. 슨다이예비학교에서 30년 동안 물리과 강사를 지냈다. 『물리 입문』, 『후쿠시마, 일본 핵발전의 진실』, 『소수와 대수의 발견』 등 다수의 저서가 있다.

17세기 '과학 혁명' 이전에 초점을 맞추다

저자 야마모토 요시타카는 과학의 역사를 연구하는 사람이다. 원자 모델 및 양자론을 제창한 닐스 보어의 논문과 독일 철학자 에른스트 카시러의 『아인슈타인의 상대성이론』을 일본어로 번역하기도 했지만, 저자의 진면목은 고문헌을 주의 깊게 읽고 이해한 내용을 격조 있게 엮어낸 다양한 과학사 저서에서 드러난다(라틴어로 쓰인 고문헌이 많아서 라틴어를 배우기도 했다).

21 1960년대 일본의 반정부 투쟁을 이끌던 학생운동조직.

『자력과 중력의 발견』에서는 고대 그리스 시대의 데모크리토스와 아리스토텔레스가 언급한 자기학 이야기부터 로마제국, 르네상스를 거쳐 17세기의 케플러, 뉴턴, 쿨롱에 의한 자력, 중력의 확립까지를 다루고 있다. 이 책으로 2003년에 제1회 파피루스상, 제57회 마이니치 출판문화상, 제30회 오사라기지로상을 수상했다.

또 다른 책 『열학 사상의 사적 전개』는 뉴턴 역학 이후 18~19세기에 보일, 카르노, 클라우지우스에 의해 이루어진 열역학의 확립과 엔트로피 개념의 형성에 관해 쓴 책이다.

『16세기 문화혁명』에서는 14~15세기의 르네상스와 뉴턴이 완성한 17세기 과학 혁명 사이에 낀 골짜기 같은 시대, 즉 후세에 엄청난 영향을 준 16세기의 예술, 의학, 인쇄, 광업, 수학, 군사, 천문학, 지구과학, 언어학 등에 초점을 맞췄다.

『과학 혁명과 세계관의 전환』은 고대 그리스 시대에 천동설을 주장한 프톨레마이오스부터 16세기에 처음으로 지동설을 주장한 코페르니쿠스, 그리고 지동설을 더욱 발전시킨 케플러가 등장하는 천문학의 역사를 주제로 삼았다. 또한 물리 이외에도 『소수와 대수의 발견』을 간행하여 2020년도 일본수학회출판상을 수상했다.

뉴턴이 완성한 17세기의 과학 혁명 이후를 주제로 한 책은 많지만, 그 이전의 과학사에 대해 자세히 다룬 책은 별로 없다. 있더라도 야마모토 요시타카처럼 특정 분야별 역사를 파고들지 않고 과학 전반의 역사를 살피는 정도이다. 그런 점에서 보면 저자가 이런 책을 남긴 것은 과학사 연구에 큰 의미가 있다.

지구도 한 개의 거대한 자석

『자력과 중력의 발견』은 케플러의 저서를 읽던 저자가 '중력'을 논하면서 반복적으로 '자력'이라고 표현하는 것을 이상하게 여기면서 시작되었다고 한다. 그 이유를 알아내기 위해서 자기학이 시작된 고대 그리스까지 거슬러 올라간다.

자력에 관한 최초의 기록은 기원전 4세기경에 아리스토텔레스가 저술한 『영혼에 관하여』에 나온다. "기원전 6세기경 탈레스가 자석을 가지고 와서 만물에 '영혼'이 깃들어 있다는 것을 설명하기 위해 사용했다"라고 쓰여 있다. 당시에는 아직 자력에 관한 설명은 아니었다.

그 후 기원전 5세기경의 엠페도클레스와 기원전 4세기경의 데모크리토스, 플라톤 등에 의해 본격적으로 자력이 설명되기 시작했으며, 고대 그리스에서는 '자력이 물질에서 나오는지 영적인 현상인지'를 두고 토론을 벌여 '힘의 발견'으로 한 걸음 다가갔다.

로마제국 시대에는 플리니우스가 1세기에 쓴 『박물지』(208쪽 참조)에 자석에 관한 기록이 있다. 당시에는 자력을 '마력'(魔力)으로 결론지음으로써 그리스 철학에서 돋보였던 '설명한다'라고 하는 정신이 사라져버렸다.

정확한 원리를 파악하지는 못했지만 12세기 무렵 세계 각지에서 자석 바늘이 남북을 향하는 지향성을 띤다는 사실을 발견하게 되면서 중세 유럽에서는 항해용 자기나침반이 사용되기 시작했다. 자화된 쇠바늘을 물에 띄우면 반드시 북극성을 향한다는 것 말고는 아무것도 몰랐지만 그래도 항해에 큰 도움이 되었기에 영문도 모른 채 사용했다고 한다.

자석의 극성을 발견한 사람은 프랑스의 천문학자 페레그리누스로, 동향 사람에게 보낸 편지 『자기 서간』(1926년)에서 자석에 관해 썼다. 목적의식을 갖고 자석의 관찰과 실험, 그리고 고찰을 정리한 최초의 기록으로 과학적 가치도 높다.

그 후의 르네상스기(14~16세기)는 과학이 정체된 시기였다. 근대 전자기학은 1600년에 영국의 물리학자 윌리엄 길버트가 출판한 『자석 이야기』에서 출발한다. 길버트의 가장 큰 업적은 지구가 한 개의 거대한 자석이라는 발견을 했다는 것이다.

그리고 천문학자 케플러는 길버트의 '자기 철학'에서 천체 간에 작용하는 중력이라는 개념을 도출하여 1609년 『신천문학』에 '케플러의 삼법칙'을 발표한다. 이 발견은 1687년에 출판된 『프린키피아』에서 뉴턴이 밝힌 만유인력의 법칙으로 이어졌다. 한편 자력의 개념은 1785년 쿨롱이 역제곱법칙을 발표하여 확정되었다.

과학사를 뒤쫓기 위해서는 당시 시대 배경도 이해할 필요가 있다. 시대 배경까지 놓치지 않고 자세히 조사한 끝에 완성된 이 책은 과학사의 깊이를 맛볼 수 있는 최적의 명저다.

POINT

1. 뉴턴 이전의 과학사를 깊게 파고들 수 있다.

2. 자력과 중력에 관한 연구의 변천사가 한눈에 들어온다.

45 『물리학이란 무엇인가』 1979

도모나가 신이치로

분량 ●●● 난이도 ●●○

『물리학이란 무엇인가(상 · 하)』, 이와나미신서.
『물리학이란 무엇인가』, 장석봉 · 유승을 옮김, 에이케이커뮤니케이션즈.

현대 문명을 구축한 물리학이라는 학문은 언제, 누가, 어떻게 생각해낸 것일까? 노벨상 수상자인 저자가 물리학의 역사를 자세히 해설한다.

일본의 물리학자. 교토제국대학교 이학부 물리학과를 졸업했다. 재규격화이론 기법을 발명하고 양자전자역학 발전에 기여한 공적을 인정받아 노벨물리학상을 받았다. 중학교부터 대학교까지 동기동창이던 유카와 히데키와의 인연은 일터로까지 이어졌다.

물리학 권위자가 기록한 '물리학의 역사'

도모나가 신이치로(1906~1979)는 1965년에 '양자전기역학 분야의 기초적 연구'(재규격화이론)로 일본인으로서는 두 번째 노벨물리학상 수상자가 되었다. 교토제국대학교 이학부 물리학과 출신이며 유카와 히데키와는 중학교부터 대학교까지 동창이었다(유카와가 한 살 어리지만 고등학교에 입학할 때 월반했다).

『물리학이란 무엇인가』는 고대 그리스부터 아인슈타인 등장 직전까지의 물리학 역사(주로 천문학, 역학, 열역학+화학)를 쓴 책이다.

『과학의 발견』, 『우주의 빅뱅 기원』, 『양자 혁명』 등 많은 책에서 물리학사를 다뤘지만, 대부분 수식은 거의 없이 누구나 읽기 쉬운 글을 쓰려고 노력한 흔적이 역력하다. 그러나 이 물리학의 권위자는 물리나 수학에 대한 설명을 회피하지 않고 정면으로 돌파한다. 그렇다고 너무 난해하지도 않으면서 모든 사람이 이해할 수 있도록 자세히 설명한다. 단순한 재밋거리로 만들지 않겠다는 저자의 의지가 엿보인다.

또한 '물리학도를 위한 주석'은 고차원적인 내용으로 이끌어주는 길잡이이자 직접 더 깊이 파고들어 보라는 간절한 바람이기도 하다.

서장은 저자가 이 책을 집필한 의도로 시작된다. 그리고 물리학사를 이야기할 때 빼놓을 수 없는 고대 그리스의 역사부터 프톨레마이오스의 천동설을 중심으로 설명한다.

1장은 케플러와 갈릴레이가 주장한 지동설의 해설로 시작하여 뉴턴이 확립한 기념비적인 연구에 관해 소개한다. 교회의 권위가 막강하던 근세에는 갈릴레이가 고스란히 그 영향을 받았지만, 교회의 영향력도 차츰 약해져 갔다. 한편 화학에서도 보일이 연금술에서 탈피하고자 각고의 노력을 한다. 16, 17세기는 물리학과 화학이 점성술이나 연금술로부터 거리를 두면서 근대 과학이 발전한 시대였다.

2장의 첫 순서로 등장한 사람은 18세기에 실용적인 증기 기관을 발명한 와트이다. 증기 기관은 과학적 발명이라기보다는 기술적 발명에 해당한다. 이 발명을 계기로 '에너지'(물체가 일을 하는 능력)의 개념에 대해서 활발한 논의가 이루어진다. 19세기로 접어들자 프랑스의 카르노가 열기관의 열효율이 최대가 되는 이상적인 주기를 고안했다. 이 내용은 헬름홀츠와 줄에 의해 한 번 부정되었다가 그 후 톰슨의 언급으로 다시 주목받으면서 열역학의 기점이 되었다. 그리고 클라우지우스가 이론을 확립하면서 열역학 제2법칙 및 '엔트로피'(난잡함)의 개념이 생겨났다.

3장에서는 열의 분자운동론을 완성하기까지의 괴로움에 관해 이야기한다. 화학 분야에서는 돌턴, 게이뤼삭, 아보가드로의 노력으로 연금술과 결별하고 근대 원자론이 성립된다. 맥스웰이 이끈 분자운동론은 볼츠만에 의해 엔트로피에 상당하는 양이 정의되기에 이르렀다. 그리고 마흐를 거쳐 아인슈타인이 등장하면서 뉴턴 역학으로 변화하는 현대물리학의 세계가 시작된다.

과학자들이 무기를 개발하는 이유는 무엇인가?

본편의 집필은 도모나가 신이치로가 병으로 쓰러지고 난 뒤 병실에서 구술필기로 이루어졌다. 또한 마무리하지 못한 부분은 '과학과 문명'이라는 제목으로 열린 1976년 강의록에서 보충했으므로 저자의 뜻은 오롯이 담겼다고 생각한다.

저자는 현대의 과학자나 기술자가 살상의 위험을 안고 있는 무기를 끊임없이 개발하는 이유가 무엇인지 묻고 있다. "그들이 그런 일을 하는 동기가 대체 무엇인지 정말 궁금합니다. 이 점이 19세기 과학자나 기술자가 했던 일과 가장 큰 차이입니다."

19세기에는 '인간의 행복에 이바지'한다는 시각에서 개발했으나 20세기는 두려움이 클수록 오히려 만들고야 말겠다는 모순에 빠져있다고 지적했다. 이런 일이 벌어지는 이유에 대해서 '인간이 지닌 본능에 매우 깊이 뿌리내린 공포심, 상대방에게 기선을 빼앗기는 것에 대한 공포심이 점점 더 파괴력이 큰 무기를 만들거나 성능을 개선하는 방향으로 사람들을 몰아간다'고 저자는 생각했다. 아울러 '보편적 법칙을 추구하여 해결책을 찾는 과학이 밀려나고, 실험 따위는 하지 않고 법칙을 찾아내는 과학이 그 자리를 차지하게 되지 않을까' 걱정했다. 현대의 과학은 과연 어떤 모습인가?

저자는 강연록과 수필, 기행문을 다수 남겼다. 연구자로서의 행보나 노벨상을 받은 초다시간이론, 재규격화이론에 대해서 알고 싶으면 『양자역학과 나』를 읽어봐도 좋다. 저자의 연구 내용은 아무래도 어려울 수밖에 없어 독자들이 이해하는 데 쉽지 않게 느껴질 것이다. 그나마 가장 이해하기 쉬운 것이 직접 해설한 이 책이다.

끝으로 과학의 의미를 담은 저자의 짧은 글로 이 책을 마무리하고자 한다.

이상하다고 생각하는 것 이것이 과학의 싹입니다.
잘 관찰하고 확인하고, 그리고 생각하는 것, 이것이 과학의 줄기입니다.
그렇게 해서 마지막에 수수께끼가 풀리는 이것이 과학의 꽃입니다.

POINT

1. 저자는 1956년에 재규격화이론으로 노벨물리학상을 받았다.
2. 고대 그리스부터 아인슈타인 등장 이전까지의 물리학 역사를 배울 수 있다.

과학이 좋아지는
과학책

초판 1쇄 2023년 7월 5일

지은이 니시무라 요시카즈
옮긴이 이승원

편집 이동은, 김주현, 성스레
미술 강현희, 정세라
마케팅 사공성, 강승덕, 한은영
제작 박장혁

발행처 북커스
발행인 정의선
이사 전수현

출판등록 2018년 5월 16일 제406-2018-000054호
주소 서울시 종로구 평창30길 10
전화 02-394-5981~2(편집) 031-955-6980(마케팅)

ISBN 979-11-80118-55-2 (03400)

※ 북커스(BOOKERS)는 (주)음악세계의 임프린트입니다.
※ 책값은 뒤표지에 있습니다.